环境规制背景下的

环境信息披露动力机制及绩效增值效应研究

高　静　著

图书在版编目（CIP）数据

环境规制背景下的环境信息披露动力机制及绩效增值效应研究 / 高静著 . — 北京：企业管理出版社，2023.11

ISBN 978-7-5164-2977-8

Ⅰ . ①环…　Ⅱ . ①高…　Ⅲ . ①企业环境管理—信息管理—研究—中国②企业环境管理—企业绩效—研究—中国　Ⅳ . ① X322.2 ② F279.23

中国国家版本馆 CIP 数据核字（2023）第 206101 号

书　　名：环境规制背景下的环境信息披露动力机制及绩效增值效应研究
书　　号：ISBN 978-7-5164-2977-8
作　　者：高　静
策　　划：侯春霞
责任编辑：侯春霞
出版发行：企业管理出版社
经　　销：新华书店
地　　址：北京市海淀区紫竹院南路 17 号　　**邮编**：100048
网　　址：http：//www.emph.cn　　**电子信箱**：pingyaohouchunxia@163.com
电　　话：编辑部 18501123296　　发行部（010）68701816
印　　刷：北京厚诚则铭印刷科技有限公司
版　　次：2023 年 11 月第 1 版
印　　次：2023 年 11 月第 1 次印刷
开　　本：710 mm × 1000 mm　　1/16
印　　张：16.5 印张
字　　数：217 千字
定　　价：75.00 元

本专著系2021年度教育部人文社科一般项目“环境规制背景下上市公司环境信息披露动力机制及绩效增值效应研究”（21YJC630027）的最终研究成果；并受江苏高校人文社会科学校外研究基地苏南资本市场研究中心（2017ZSJD020）资助。

前言

随着城市化、工业化和区域经济一体化进程的加快，如何披露企业环境信息，促进环境保护和维护生态平衡并实现可持续发展，成为全球会计界乃至相关领域共同关注的问题。本书以中国与世界发达国家资本市场为背景，通过规范研究与实证研究相结合、定量研究与定性研究相结合的研究方法，对环境信息披露的动机进行了重点解读，同时研究了环境信息披露所产生的绩效和后果，从而探讨如何提高环境信息披露质量和效率。本书分为以下四个部分。

第一部分探讨适用于中国资本市场的环境规制。本部分的研究共分为四章。第一章研究了环境规制和中国资本市场的发展历程，以及环境规制拟定的背景和相关法律法规；第二章揭示了环境信息披露的现状和特点，以及披露内容和原则；第三章以无锡上市公司为例，分析了无锡上市公司环境信息披露的现状，深入讨论了中国区域性环境信息披露所存在的问题；第四章以A公司为案例分析了企业社会责任信息披露的现状，揭示了重污染行业社会责任信息披露的现状和所面临的挑战。

第二部分的研究共分为四章，探讨了环境信息披露的动机和相关案例。第五章研究了环境信息披露的影响因素，包括内部因素和外部因素；第六章对以往文献进行了梳理，阐述了环境信息披露的动力机制，内部动机包括公司治理动机、规避政治成本的动机、基于管理层意愿的动机等，外部动机包括满足合法合规要求的动机、符合政府政策导向的动机、增加透明度和公众参与的动机等；第七章以医药行业上市公司为样本，探讨社会责任信息披露质量的影响因素；第八章采用实证研究的方法，基于公司治理动机探讨社会责任信息披露，包括环境信息披露。

第三部分研究了环境成本会计，共分为两章。第九章研究了环境成本会计的相关概念，介绍了如何进行环境成本会计核算，以及面临的挑战和困难等；第十章以B公司为例，对其环境成本会计核算手段进行分析，发现问题并提出建议。

第四部分研究了环境信息披露的绩效，共分为四章。第十一章探索了环境信息披露与企业绩效的关系，根据对以往文献的梳理，发现环境信息披露与企业的环境绩效和财务绩效都有一定程度的联系；第十二章通过实证研究发现社会责任信息披露与企业财务绩效呈正相关关系；第十三章以D公司为例，探究了环境信息披露对企业环境绩效的影响；第十四章总结了前文的诸多研究结果，并对中国资本市场如何更规范和高效地披露环境信息提出建议。

第一部分 环境规制

第二部分 环境信息披露动机

第三部分 环境成本会计

第一部分　环境规制

第一章

中国环境规制的发展历程

1.1 研究背景

近年来，全球多地极端气候频发，如德国洪水泛滥、俄罗斯远东地区火灾、北美高温干旱等，极端的气候变化已严重影响社会的稳定和世界经济的发展（杜子平和李根柱，2019）。为了实现可持续发展和提升企业价值，"低碳发展"已经成为世界经济发展的新趋势，环境信息披露也愈发受到社会各界的关注（许东彦等，2020）。面对全球日益严峻的气候变化问题，习近平主席2020年在第七十五届联合国大会一般性辩论上发表重要讲话，提出"中国将提高国家自主贡献力度，采取更加有力的政策和措施，二氧化碳排放力争于2030年前达到峰值，努力争取2060年前实现碳中和"。2021年国务院印发的《2030年前碳达峰行动方案》中明确指出，到2025年，非化石能源的消费比重要增加到20%左右，单位国内生产总值能源消耗要比2020年下降13.5%，单位国内生产总值二氧化碳排放要比2020年下降18%；到2030年时，非化石能源的消费比重要增加到25%左右，顺利实现2030年前碳达峰目标。

自1997年开始，上市公司被明确要求在招股说明书中披露环境相关信息，此后的二十多年来我国连续颁布了与企业环境信息披露相关的系列制度和法规，环境信息披露从自愿型逐渐向强制型过渡，环境立法逐渐适应当前经济形势需要，环境信息披露法律法规监督体系雏形已基本形成。然而，根据2021年的《中国上市公司环境责任信息披露评价报告》，上市公司的环境信息指数约为39.89分，虽相比2020年提升了6.97%，为十年来最高，但仍远未达到及格线（王菡娟，2022）。同时《中国上市公司环境责任信息披露评价报告》显示，2021年仅有1178家企业发布相关环境责任报告、社会责任报告及可持续发展报告，未发布上市公司环境信息披露相关报告的企业数量共3283家，超过上市公司总数的70%。这说明企业在“自愿披露”的制度环境下披露信息缺乏主动性和积极性，无法为社会经济提供有效的环境信息，进而也就无法为生态文明建设提供足够的支撑。现今中国企业环境信息披露制度起步较晚，披露意愿低，披露水平差异大，绿色传导机制不健全（周五七，2020）。供需双方信息不对称是导致市场失灵，阻碍绿色金融发展的重大瓶颈之一。

1.2　环境法规的立法背景

随着工业化和城市化的快速发展，环境污染问题如空气污染、水体污染和土壤污染等逐渐加重。这些污染会对人类健康产生影响，例如臭氧层破坏会导致皮肤癌等健康问题。同时，生态系统是人类赖以生存的基础，环境污染可能破坏生态平衡，威胁到人类的生存环境和可持续发展。为了保护环境、人民健康和维护生态平衡，促进环境保护技术的发展和创新，各国都意识到制定环境法规是维护公共利益和人类生存环境的必要举措。

关于环境法规的立法背景，可以追溯到20世纪的环境保护运动。20世纪60年代以来，世界各国开始关注环境污染和生态破坏问题，为了加强对环境的保护，各国相继出台了环境保护法规。此外，随着全球化进程的加速和环境问题的日益突出，国际上也出现了一系列与环境有关的国际法规，如《世界环境公约》《生物多样性公约》等。

1.2.1 各国（地区）环境法规的立法背景和现状

美国

关于美国环境法规的立法背景，可以追溯到20世纪中叶。在美国，环境保护是一项复杂而持续的工作，涉及各级政府、公民社会和私营部门。美国环境保护的重点关注领域包括空气污染（如二氧化硫、氮氧化物和颗粒物）和水污染。近年来，美国通过清洁电力计划（Clean Power Plan）等政策加大了应对气候变化的努力，该计划旨在减少发电厂的温室气体排放。对于资源保护方面，美国也十分重视，推行以可持续的方式管理公共土地、野生动物和其他自然资源。

具体来说，在20世纪60年代，美国政府出台了一系列法律和规定，如《清洁空气法》和《清洁水法》等，以应对日益严峻的环境污染问题。《清洁空气法》是美国监管空气污染的主要联邦法律，水污染的相关法规包括《清洁水法》和《安全饮用水法》，这两项法案对污染物排放到水道进行了规定。这些法规规定了许多环境保护的标准和限制，要求企业和个人采取一系列措施来保护环境和人类健康。此后，美国政府不断完善和健全环境法规，如在20世纪70年代通过了《有毒物质控制法》和《清洁空气法修正案》，以及在21世纪初通过了《清洁能源安全法案》等，出台了《濒危物种法》和《国家环境政策法》。这些法规都是为保护环境和人类健康而制定的，为美国的环保事业做出了重大贡献。

欧洲

欧洲的环境保护运动是一个长期的、持续不断的社会运动，旨在增加环境保护的意识和行动。通过公众和政府的努力，欧洲推动了环境保护的发展。关于欧洲环境法规的立法背景，可以追溯到20世纪70年代，随着环保意识的增强和环境污染问题的严峻，环境保护运动逐渐在欧洲各国展开。到了20世纪80年代初，随着绿色思潮的兴起和环境问题的加剧，生态主义和浪漫主义在欧洲各地开始形成，更多的人开始对雪山、原始森林等美好自然景观的保护抱有热情。于是为推动环境保护事业，越来越多的非政府组织成立或积极参加环保运动，欧洲各国政府也开始将环境保护政策纳入国家发展战略之中，并且投入大量的资金进行环境保护的宣传和教育。例如，欧盟自设环保标志"花式环保标志"。与此同时，环保科技的发展促进了环保技术的进步和环境保护行业的发展，环保技术的提高为环境保护工作提供了新的力量。欧洲的环境保护运动对欧洲环境保护领域的发展做出了巨大贡献，并且对全球范围内的环境保护运动产生了深刻影响。

《欧洲联盟条约》是欧洲联盟的政治基础，其中包含了环境保护的条款，要求各成员国对环境问题采取协调和合作的措施。从20世纪70年代开始，公众和科学界开始关注环境问题，他们认为政府应该采取更加积极的行动来保护环境。1972年，在瑞典举行了联合国人类环境会议，促进欧洲国家采取更加积极的环保行动。在上述背景下，欧盟开始制定一系列环保法规和政策，如《欧洲环境政策行动计划》《欧洲化学品法规》等，以保护欧洲的环境和人民健康。

欧盟国家中环境保护卓有成效的国家首推德国和瑞典。德国在能源转型、绿色化交通等方面推进得比较成功，政府制定了一系列环保法规，支持环保技术研究和应用。瑞典是可持续发展领域的领跑者之一，政府推广低碳经济、可再生能源利用、废弃物循环利用等措施，同时也是全球各种环保排名中排名前列的国家。

日本

日本是一个高度发达的工业化国家，自20世纪60年代以来，随着人口的增加和工业的发展，环境问题日益严重。为了应对这种情况，日本很早就开始开展环境保护运动，推动各种环保措施的实施。例如，日本制定了严格的环境保护法律和标准，推广清洁能源和可再生能源，推进废弃物的减量化和回收利用，开展环境教育和公众宣传等各种活动。日本的环境保护运动在全球范围内也具有重要的影响力。

为了保护环境，日本推行了一系列重要法规，如《大气污染防止法》，该法规定了空气质量标准和排放标准，对大气污染的物质进行了管制。日本政府还推行了《水环境保护法》，该法规定了水质标准和废水排放标准，要求对水资源进行严格保护和管理。同时其推行了《土壤污染防止法》，该法规定了土壤污染物的管制和治理要求，保护了土壤资源和人类健康。另外比较典型的法规还包括《废弃物处置法》和《环境基本法》。《废弃物处置法》规定了废弃物的分类、处理和回收管理，推广了废弃物减量化和资源化利用。而《环境基本法》为日本环境保护工作提供了基本方针和原则，激励社会各界积极参与环境保护事业。

新加坡

新加坡是世界上环境保护成效最显著的国家之一，其环境保护法规非常严格。新加坡政府规定了汽车和工业排放的限制，并且对建筑物中燃料的使用进行了管理，以减少空气污染和保持良好的空气质量。同时在整个社会推广废物减量、回收和再利用以及推广循环经济模式，制定了关于废弃物管理和清洁环境的标准，并通过基础教育让全民学习。新加坡政府对污水排放和工业废水排放均有很高的限制标准，以保护生态系统和水质。此外，新加坡政府还大力推广可再生能源利用、生态旅游和绿色建筑等措施，以促进环境保护和生态可持续发展。在这些方面，新加坡已经取得了显著的成效，成为世界上环境保护领域的一个典范。

新加坡还构建了生态问责体系，主要由议会问责、法制问责、行政机关内部问责、反对党问责、公众问责以及非政府环保组织问责等构成。最近，新加坡对《环境保护与管理法》（1999 年）和《环境保护和管理（有害物质）条例》（2023 年）修正案做了修订。《环境保护与管理法》（1999 年）旨在保护新加坡的环境，并确保国家的可持续发展。该法规规定建立环境保护署来监督和管理环境保护工作。法规内容包括空气、声音、水、土地和公共卫生等保护方面，以及垃圾管理、危险废弃物管理、化学品管理、环保标志和绿色建筑等方面。《环境保护和管理（有害物质）条例》（2023 年）主要是针对危险和有害物质进行管理，以确保它们的使用和处理不会对环境和公众健康造成危害。该条例列出了 26 种化学物质，从事涉及这些化学物质的活动的公司必须取得许可证，并满足其他关于储存、运输、进出口、制造或使用的具体安全要求。此外，法规严格限制有害废物、噪声和空气污染等，以确保环境的健康和安全。除此之外，新加坡政府还颁布了相应的法规严格管理车辆和工业排放，以保持优良的空气质量，同时实行水资源保护政策，包括建造新的水库和处理厂，推广节水实践，建立雨水收集和再利用系统。政府还开展环境教育活动，以帮助人们了解如何保护环境。同时在民间推广废弃物减量和分类回收计划，减少垃圾量和回收利用能源。政府还鼓励企业发展循环经济，延长产品寿命并减少浪费，引导社区参与生态保育，通过植树造林、清理密林等方式增强公众的环境保护意识。

1.2.2　中国环境法规的立法背景和现状

过去几十年来，中国经历了工业化和城市化的快速发展，这给环境带来了巨大的压力。空气和水质污染严重，土壤污染问题正在日益明显。由于环境问题对人类和自然资源的影响，中国采取了多种措施保护环境。许多环境保护法规和政策已实施并取得了一定效果。例如，《环境保护法》将环境保护置于国家层面，规定了环境保护的目标和责任。“大气十条”“水十条”“土十条”等一系列政策规定了各省份的环境保护责任，加强了对企业的监管。中国正在加大对环境保护方面的财政投入，升级工业设备，推广“绿色制造”等政策，这都是减少污染的有效手段。中国环境法规的发展历程可以分为以下几个阶段。

（1）早期探索阶段（20世纪60年代初至70年代末）：在20世纪60年代初至70年代末，环境问题开始引起人们的广泛关注。在此背景下，各地陆续出台了一些环境保护法规，但规模有限、不衔接、执行力度不足是主要瓶颈。

（2）起步阶段（20世纪80年代初至90年代初）：国内环保法规的不断完善与推广促进环保管理体系日趋成熟。1989年第七届全国人大常委会第十一次会议通过《环境保护法》，成为中国环境保护法规的开端。同时在短时间内出台了《水污染防治法》《大气污染防治法》等系列环保法律法规，并开展了大规模的环境监测与评价。

（3）加强阶段（20世纪90年代中期至2010年）：《环境保护法》颁布之后，经过了不断的修订和完善。全国人大常委会曾于1995年、1996年、2006年三次组织对《环境保护法》执行情况进行专门检查，并且在提交的报告中都建议要加强环境保护立法，有的报告还明确提出要修改《环境保护法》。2008年，国务院组建环境保护部，拓展了环保管理职责，加强了法规制定、管理和执行工作。特别是中国加入世界贸易组织后，感受到了全球化的影响，在这一背景下各级政府加强了对生态环境保护工作的投入，提高了环境管理的法治化程度。

（4）规范发展阶段（2010年至今）：随着环保法规体系不断完善，

中国借助生态文明建设的东风，推行绿色发展的战略。近年来，在全球气候变化趋势明显、生态环境面临的挑战日益严峻的情况下，中国不断加强环境管理，修订了《固体废物污染环境防治法》《大气污染防治法》《环境保护法》等重要环保法规，同时加大对环境保护的投入力度，从而推动环境法规标准的不断提高。

具体来看，《环境保护法》是基本环保法规，规定了环境保护的基本原则、相关主体的职责和权利，以及环境保护的监管、执法、处罚等方面的具体内容。《大气污染防治法》针对大气污染防治问题进行了规定，包括大气污染物排放管理、工业企业管理、燃煤治理、机动车管理等方面。《海洋环境保护法》针对海洋环境保护问题进行了规定，包括海洋污染防治、海岸带管理、海域使用等方面。《水污染防治法》针对水污染防治问题进行了规定，包括水污染物排放管理、水环境质量监测、水资源管理、城市污水处理等方面。《固体废物污染环境防治法》针对固体废物污染防治问题进行了规定，主要管理固体废物的产生、储存、运输、处置等方面。

在政府的重视和努力下，中国在环境规制方面有了长足的发展，采取了一系列防治环境污染的措施，例如设立环保部门、发布环保法规、建立环境监管系统、严格控制排污等。生态环境部是现有的环境保护部门，该部门制定环境保护相关的政策和法规，并监督和管理环境基础设施和环境影响评估工作，旨在加强环境保护的监测和管理，制定更加严格的环保标准，并加强对相关企业的监督执法。环境相关的法律法规也日趋完善，这些法律法规规定了环境保护的原则及相关主体的责任和权利。同时，一套完整的环境监管系统也已初步建成，包括在线监测系统、巡视执法系统、环境数据共享系统等，并且政府部门加强了对环境污染行为的惩罚力度，对污染企业进行罚款、停产整顿等处罚。各地政府还积极推广节能减排技术，鼓励发展绿色产业和清洁能源，以减少对环境的影响。总而言之，中国的环境规制在不断推进，民众的环保意识也在不断提高。但与此同时，环境污染问题在中国仍然比较严重，需要更多人甚至几代人的努力才能实现环境改善和可持续发展。

1.3 中国环境规制所面临的挑战和机遇

虽然为了控制和治理环境污染，中国在加强环境立法方面付出了不懈努力，环境规制在过去几十年里也取得了显著的进步，但中国环境规制的健全发展仍面临挑战。其中一个重要问题是对环保政策的执行不力。虽然许多环境保护法规已经实施，但在实际执行中可能会出现一些问题。例如，在一些企业中，由于管理人员不够重视环境保护，可能会采取一些短视行动来提高效益。此外，由于许多污染物跨越地理边界，环保问题不能单靠单一国家或地区甚至企业的努力来解决，需要进行国际合作，而这是一个长期的挑战。具体来说，必须寻求和发展全球合作伙伴，共同解决环境问题。

中国面临的另一个挑战是如何处理好商业和环境之间的关系。中国的经济活动与环境密切相关，很多企业会因为生产所需的能源和原材料成本高昂，而尝试降低环保投入。如果要使环保方案更具可持续性，还必须将环保纳入全局经济规划中。必须建立更加开放和透明的环保执法机制，促进企业改进环境管理机制，确保其经济利益与环境保护取得平衡。

虽然中国环境规制面临的挑战有很多，但也应该认识到实现环境改善的机遇和挑战是并存的。随着环保意识的提高、社会舆论的关注，中国一定能进一步完善环保相关的法律、法规和标准，进一步加强环保责任制和执法力度，推动企业实现绿色发展。随着现代技术的创新，中国将会应用更先进的科技、设备和管理方案来提高生态效率，降低排放水平，有效实现降耗减排与可持续发展。随着环保规模的逐步扩大和对环保企业的支持政策的进一步加强，中国环保产业也将迎来快速发展的机遇，为中国的经济发展注入新的动力，提升国际竞争力。我们已认识到，在环境保护方面所做的努力和取得的成就可以提升国际形象和知名度，从而在国际舞台上发挥更为积极的作用。

总之，中国将在未来的发展中进一步完善环境规制，并会将环保投入纳入全局经济规划中，同时加强国际合作和跨界合作以共同解决环境问题，实现可持续发展。

1.4　中国资本市场

1.4.1　中国资本市场的发展历程

中国资本市场的发展始于20世纪80年代，当时企业改革进入新阶段，国有企业开始试行股份制改革，而证券市场也渐渐发展起来。在过去的几十年中，中国从社会主义计划经济体制转变为社会主义市场经济体制。中国从20世纪90年代初开始对国有企业进行转型（Kao等，2009）。与这些经济改革并行，上海证券交易所（SHSE）于1990年开业，深圳证券交易所（SZSE）于1991年开业。上海证券交易所和深圳证券交易所的正式成立，标志着中国证券市场进入了现代化阶段。上海证券交易所和深圳证券交易所独立运作，设有主板。但在那个时候，这两家证券交易所的规模很小，交易的品种也比较有限。1992年，中国开始大规模引进外资，外资企业上市，这标志着中国资本市场对外开放的扩大。同年，中国证监会成立，开始对证券市场进行监管。1997年，中国股市经历了一次较大的危机，但在有关部门的积极应对和调控下，危机得到了有效控制。进入21世纪，中国证券市场进一步发展。上海证券交易所开始试行A股市场机制，深圳证券交易所推出了创业板，这使得中国资本市场在商品、服务、产业等方面都有了更多的选择。

为了扩大中小企业的直接融资渠道，2004 年 6 月 25 日，深圳证券交易所在其主板之外又推出了中小企业板。中小企业板以成熟的中小企业为目标，并作为新兴企业的试点市场。2005 年，中国股市迎来了持续上涨的时期，尤其是 2007 年初，中国股市进入了一个暴涨的阶段，市值一度超过了 4 万亿美元。2008 年至 2009 年，国际金融危机对中国经济造成了很大的影响，对股市的影响也很大。但中国采取的刺激政策有效缓解了危机，中国股市开始复苏。2010 年以后，中国资本市场的发展加速并开始推行深化改革、扩大对外开放的政策，新三板、科创板、沪港通、深港通等一系列改革举措加速了中国证券市场的国际化进程。总体来说，中国资本市场的发展经历了多次起伏和调整，但在各种政策的逐步推动下，它不断扩大开放、提高透明度，并逐渐成为世界资本市场的重要组成部分之一。

在中国资本市场交易的股票有两类：A 股和 B 股。A 股由国内投资者在上海证券交易所和深圳证券交易所购买和交易（以人民币计价）。B 股也在主板交易，但主要由国际投资者以外币交易。简而言之，中国公民可以在上海证券交易所或深圳证券交易所主板买卖 A 股，而外国人可以在主板购买 B 股或其他在香港联合交易所（HKEx）和国际市场上市的股票（Gao，2010）。此外，在中国主板上市的公司可以选择在上海证券交易所或深圳证券交易所发行 A 股或 B 股。然而，在中小企业板上市的公司只能发行 A 股。

从 20 世纪 90 年代至今，中国资本市场发展迅速。截至 2022 年底，A 股上市公司数量达到 5067 家，总市值共计 87.75 万亿元（李欣，2022）。从 1992 年只有 53 家上市公司，到 2022 年突破 5000 家，上市公司的数量增速惊人。截至 2022 年底，A 股市值排名前三的企业分别为贵州茅台（2.17 万亿元）、工商银行（1.47 万亿元）、宁德时代（1.1 万亿元）；而全球范围内中国上市公司市值排名前三的企业是腾讯科技、台积电和贵州茅台，它们的市值分别为2.85万亿元、2.69万亿元和2.16万亿元。2012年，中国资本市场就市值而言已成为世界第二大市场。

1.4.2　中国资本市场的监管体系

中国证券监督管理委员会

中国证券监督管理委员会（CSRC，简称中国证监会）是为监督和管理证券交易活动而设立的官方机构，是国务院直属机构。中国证监会的主要职责是制定有关全国证券市场的政策法规，监督证券的发行和交易，具体职责如下。

（1）监督管理证券市场：垂直领导全国证券期货监管机构，负责监督管理证券市场，包括证券交易所、证券公司、基金公司、期货公司等机构的运作。

（2）制定证券法规和规章：负责制定和修改证券法规和规章，以维护证券市场的秩序，保护投资者的合法权益。

（3）发布监管政策和通知：发布证券市场的监管政策和通知，引导市场行为符合法律法规和道德规范，保障证券市场的健康发展。

（4）监督执法：负责对证券市场违法违规行为进行监督和执法，监管证券期货信息传播活动，维护市场秩序，保护投资者的合法权益。

（5）协调行业事务：负责协调证券市场各机构之间的关系，促进证券市场的健康稳定发展。

（6）国际合作：积极与国际证券监管机构开展交流与合作，推进中国证券市场的国际化发展。

（7）其他：承办国务院交办的其他事项。

中国证监会的重要职责之一是审批上市公司的上市申请。中国证监会使用包括财务信息和非财务信息在内的申请包来与上市标准相关联。中国证监会的主要职责是筛选出与前一时期相比质量较低的公司，并确保只有健康的公司才能进入中国资本市场（Chen 和 Yuan，2004）。中国证监会的另一个重要职能是监督。其监督义务包括以下内容：首先，中国证监会对股票、可转换债券和证券投资基金的发行和交易进行监管；其次，中国证监会监督国内上市公司的上市、交易和结算；再次，中国证监会确保上市公司披露信息的准确性；最后，中国证监会还负责监督投资咨询等机构的高级管理人员。综上所述，中国证监会的基本职能是监管交易所市场、上市公司和其他涉及资本市场的中介机构（Javvin Press，2008）。为了改善公司治理，增加对股东的法律保护，中国证监会自 2000 年以来采取了一系列措施（Wong，2006）。例如，中国证监会在 2001 年开展了一系列调查，以遏制资本市场中的不当行为和不法行为，如盈利造假和操纵市场。同年，中国证监会将独立董事最低人数要求纳入了加强上市公司监管、完善公司治理的规定要求（Wong，2006）。

中国银行保险监督管理委员会

中国银行保险监督管理委员会（CBIRC，简称中国银保监会）也对资本市场的相关机构进行监管，包括对证券公司、基金公司等机构进行风险管理和监督。中国银行保险监督管理委员会作为中国国家层面的银行和保险监管机构，对中国资本市场的监管职责主要包括以下几个方面。

（1）监督管理证券公司：负责监督管理证券公司的运营，保障证券公司的稳健经营。

（2）监督基金公司：对基金公司进行监管，维护基金市场的健康发展，保护投资者的合法权益。

（3）监督证券业务：对商业银行、保险公司等金融机构开展证券业务进行监督，防范金融风险。

（4）风险评估和监测：负责对银行和保险公司的风险进行评估和监测，防范金融风险对证券市场的影响。

（5）制定相关规定和政策：负责制定和修改相关规定和政策，促进证券市场和银行、保险等金融市场的协调发展。

总体来说，中国银行保险监督管理委员会的监管职责主要是从金融稳定和风险控制的角度出发，对证券市场的相关机构进行监管，保障证券市场的稳定健康发展，维护投资者的合法权益。2023 年 3 月，国务院印发了《党和国家机构改革方案》，在原银保监会的基础上组建国家金融监督管理总局，不再保留中国银行保险监督管理委员会，并于 2023 年 5 月 18 日正式揭牌，意味着银保监会正式退出历史舞台。

第二章

环境信息披露

环境信息披露属于社会责任信息披露的范畴，企业通常以社会责任报告的形式对环境信息进行披露。企业社会责任（CSR）指基于可持续发展的考虑，在商业运作里对其相关联的人员应负的责任。即企业除了创造经济效益外，还要考虑其对社会和自然环境所造成的影响。

2.1 社会责任信息和环境信息

2.1.1 社会责任信息

企业社会责任是指企业在经营活动中所承担的社会责任，包括对员工、消费者、社会、供应商、股东等各方的责任。社会责任信息披露是企业公开披露社会责任履行情况和相关信息的过程，通过这种方式，企业向利益相关者展示企业价值观、使命、愿景以及在经济、社会、环境方面的表现。

社会责任信息具备如下特点。

（1）公益性：社会责任是企业在社会经济活动中所承担的公益性责任，披露这些信息有助于促进企业与社会的和谐共处，提高企业在社会中的认同度。

（2）多样性：社会责任包括企业在劳动用工、环境保护、社会公益、产品质量、供应链管理等各个方面所承担的责任，相关信息具有多样性和广泛性。

（3）可量化：社会责任信息可以通过一些指标和数据来进行量化，如员工福利、环保治理、公益支出等，从而使利益相关者更加直观地了解企业的社会责任履行情况。

（4）公开透明：社会责任信息披露时要公开透明，真实准确地反映企业在社会责任履行方面的表现，从而提高企业的透明度和诚信度。

（5）与企业战略紧密相关：企业的社会责任履行是企业战略和价值观的重要组成部分，社会责任信息披露有助于增强企业的社会责任意识，推动企业可持续发展。

综上所述，社会责任信息披露对企业和社会都具有重要意义，可以促进企业与社会的共赢，推动企业可持续发展。

2.1.2　环境信息

环境信息属于社会责任信息的一个分支，是指企业在生产经营活动中对环境所产生的影响以及治理情况的信息，包括但不限于环境保护、能源消耗、物质循环利用、污染物排放、废弃物处置等方面的信息。环境信息披露是企业公开披露环境责任履行情况和相关信息的过程，通过这种方式，企业向利益相关者展示其环保意识、环境保护措施以及环境责任履行的成果。环境信息通常可以在企业的环境报告、环保部门的审计报告、年度报告等公开文件中找到。

环境信息是社会责任信息的重要方面，企业环境保护行为对社会和环境产生的影响直接关系到其社会责任的履行情况。环境信息披露是指企业公开向公众、投资者、政府等各方披露其环境责任状况、环境保护措施和环境影响等信息，属于企业社会责任信息披露的重要内容之一。

但是，环境信息和社会责任信息在内容和重点上存在一些区别。首先，两者披露的内容不同。环境信息主要涉及企业环境保护行为，包括环境影响评价、环境保护措施、环境监测、环境管理等方面的信息；而社会责任信息涉及企业在社会、环境、经济等方面的行为，包括员工福利、社区投资、公益慈善、反腐倡廉等方面的信息。其次，两者披露的重点不同。环境信息的重点是企业在环境保护方面的表现和成效，社会责任信息的重点是企业在社会各方面的行为和影响。最后，两者披露的监管要求不同。环境信息披露是企业履行环境保护责任的重要途径，受到各级监管部门的重视，而对社会责任信息披露的监管要求相对较少，主要是企业出于履行自身的社会责任和维护形象的需要而进行披露。

总的来说，环境信息和社会责任信息相互关联，但在内容和重点上存在一定的区别。企业需要综合考虑环境和社会等各方面的因素，全面履行社会责任。

2.1.3 社会责任信息披露和环境信息披露

社会责任信息披露是指企业公开其在经营活动中承担社会责任的相关信息。这些信息包括企业环境保护、劳动人权、社区关系、慈善捐赠等方面的情况。社会责任信息披露可以帮助企业与各利益相关者建立良好的沟通渠道，提高企业的透明度和信任度。此外，社会责任信息披露也可以促进企业持续改进和优化经营活动，提高企业的社会形象和品牌价值。许多国家和地区都已经制定了相关的法规和规定，要求企业进行社会责任信息披露。例如,《联合国可持续发展目标》《欧盟企业可持续发展指令》《中国企业社会责任报告指南》等。企业应根据当地法规和规定制定适合自己的社会责任信息披露计划，并不断改进其信息披露实践。

环境信息披露是企业社会责任信息披露的一个重要方面，对于企业保持良好的社会形象、增强社会信任、减少环境风险和提高企业管理水平都具有积极作用。在信息披露方面，社会责任信息和环境信息都属于企业社会责任报告的一部分，也可以单独披露在年度报告或其他公开文件中。

许多企业自愿公开其环境责任履行情况，以展示企业的可持续性和社会责任。具体来说，企业披露的环境信息需要包括以下内容：第一，环境政策和目标，包括企业的环境理念、目标、战略和计划等；第二，环境管理体系，包括企业的环境管理组织、职责、制度和程序等；第三，环境绩效，包括企业的环境指标、污染物排放量的变化情况、环境改善的努力程度和企业的信誉程度；第四，环境风险和机会，包括自然、人文、政治和经济等领域的风险和机会，以及应对措施等；第五，环境法律遵守情况，包括企业是否符合环境法规和标准等。

环境信息披露的相关报告通常包括以下内容。

（1）环境影响评价报告：企业在开展新项目或对现有项目进行重大改建时，需要进行环境影响评价，并对评价结果进行披露。

（2）环境保护措施报告：企业需要向公众和监管机构披露其采取的环境保护措施，包括废水、废气、固体废物等的处理方法，废水排放水质的监测等。

（3）环境监测数据报告：企业需要定期公开其环境监测数据，包括废水、废气、固体废物等的排放数据和环境质量监测数据等。

（4）环境管理报告：企业需要公开其环境管理的情况，包括环境管理体系建设、环境保护培训、环境责任分配、环境保护投入等。

（5）环境事故和环境污染事件报告：企业需要及时公开其发生的环境事故和环境污染事件的处理情况，包括损失评估、修复计划、责任追究等。

环境信息披露不仅是企业履行社会责任的表现，也是企业高透明度和信任度的体现。随着公众环保意识的提高和环保政策的加强，环境信息披露将会成为企业与社会沟通的重要方式之一。

2.1.4 社会责任信息披露相关法规

中国资本市场的社会责任信息披露主要由中国证券监督管理委员会（CSRC）进行监管。中国证监会于2018年发布的《上市公司治理准则》第九十五条规定，上市公司应当依照法律法规和有关部门的要求，披露环境信息以及履行扶贫等社会责任的相关情况。同时，中国资本市场也出台了相应的社会责任信息披露政策，如上海证券交易所的《上市公司环境信息披露指引》和深圳证券交易所的《上市公司社会责任指引》，对上市公司编制环境、社会责任报告的要求进行了详细说明，要求上市公司披露环境、社会责任等信息，从而促进企业履行社会责任，提升企业形象和信誉。此外，中国证监会还定期对上市公司的社会责任报告进行抽查和审核，对披露不到位、虚假宣传等问题进行处理，以维护资本市场的诚信和稳定。

总体来说，上市公司社会责任信息披露方面的法规主要包括以下几个方面。

（1）基于《证券法》修订的《公开发行证券的公司信息披露内容与格式准则第2号——年度报告的内容与格式》鼓励公司主动披露积极履行社会责任的工作情况，特别强调环境信息的披露。

（2）《公司法》第五条规定，公司从事经营活动接受政府和社会公众的监督，承担社会责任。

（3）《上市公司社会责任指引》将社会责任引入上市公司，鼓励上市公司积极履行社会责任，自愿披露社会责任信息。

上市公司应当在各种信息披露中披露社会责任信息，以保障社会公众的知情权，促进企业社会责任的落实。

2.1.5　环境信息披露相关法规

环境信息披露的目的是促进企业在环境保护方面的行为和决策更加透明和负责，加强公众对企业环境表现的监督和评估，推动企业环境保护和可持续发展。因此，环境信息披露通常会有如下要求。首先，披露内容要全面。企业应当披露其在经营活动中对环境产生的影响，包括污染物排放、能源消耗、废弃物产生和处理、环境事故等方面的数据和信息。其次，披露要及时、准确、可靠。企业应当选择适当的披露方式，如年度环境报告、网站公告、产品标签和广告等方式，确保披露及时、准确、可靠。再次，披露要符合相关法规和标准。企业应当遵守当地的相关法规和标准。最后，披露要与企业经营战略和风险管理相结合。企业应当将环境信息披露纳入企业经营战略和风险管理体系中，将环境保护和可持续发展作为企业发展的重要方向和战略目标，不断提升企业的环境绩效和竞争力。

需要注意的是，环境信息披露的具体要求和标准可能因地区、行业和政策的不同而有所不同，企业需要根据自身情况和所处环境的要求进行相应的披露。

美国

在美国，不同的监管部门对企业环境信息披露有不同的要求。例如，美国环境保护署（EPA）要求企业披露其环境信息，以便公众和政府能够了解企业在环境保护方面的表现。美国证券交易委员会（SEC）要求公开上市的公司向投资者披露有关环境责任的信息，这些信息包括环境风险、环境法规的遵守情况以及公司环境管理的措施等。美国联邦贸易委员会（FTC）要求企业在其广告和标签中披露与环境相关的声明和标志时，必须遵守一定的准则和标准，以确保信息的真实性和准确性。美国国际贸易委员会（ITC）要求进口商披露其产品的环境影响，并按照美国环境法规的要求进行认证和标记。

美国政府要求企业遵循环境信息披露的相关法规，常见的法规有：①《环境信息公开法案》，规定企业应当向公众和政府报告其在环境方面的行为，并要求企业每年提交一份名为“排放清单”的报告，详细说明企业的排放情况以及采取的控制措施；②《清洁空气法》，规定了空气质量标准和限制污染物排放的要求，并要求企业报告其在大气污染方面的行为；③《清洁水法》，规定了水质标准和限制污染物排放的要求，并要求企业报告其在水污染方面的行为；④《土地保护法案》，规定了对于污染的土地和地下水的清理和恢复的要求，并要求企业报告其在土地和地下水污染方面的行为。2010 年，SEC 颁布了《解释性指南》(Interpretive Guidance)，要求上市公司披露其在气候变化方面的风险和机会，以及对气候变化的影响。

欧洲

与美国一样，欧洲企业的环境信息披露也受当地监管机构的监管。例如，欧洲证券和市场管理局将环境信息披露添加至其关键优先事项中，为企业释放了监管偏好的要求和方向；欧洲环境署负责收集、分析和传播有关欧洲环境和自然资源的信息，并提供环境信息披露的指南和工具，同时负责协调和促进欧洲各国在环境保护方面的合作。此外，各个欧洲国家也设有监管机构，负责监管本国企业在环境信息披露方面的行为，如英国的环境署和德国的联邦环境局等。

为了保障公众利益和保护环境，方便公众对企业的环境影响进行评估和监督，促进企业在环境方面的可持续发展，欧洲企业环境信息披露除了受到监管机构的监督外，也受法律法规的制约。欧盟《非财务报告指令》要求大型企业就其环境责任和社会责任履行情况进行披露，包括企业的环境政策、环境管理系统、环境绩效等方面的内容。《欧盟透明度指令》要求上市公司披露其对环境和社会的影响，包括对环境的直接和间接影响，以及公司的环境政策，环境保护和管理的目标、措施和成果等方面的信息。欧盟生态标签要求企业在产品或服务中使用环境标志时，必须披露产品或服务的环境性能和相关信息，以便消费者了解产品或服务的环境影响。欧盟排放交易体系要求企业必须申请和获得排放许可证，并向政府披露其排放情况，包括污染物的种类和数量、排放点和排放量等方面的信息。欧盟《企业可持续发展报告指令》要求企业披露可持续发展报告，包括环境及生态、员工权利和公司治理方面的定性和定量信息，确保报告与结论的科学性、前瞻性和回溯性，并提出了采用统一可持续发展报告标准的设想。

日本

日本的环境信息披露主要涉及企业环境信息披露和金融机构环境信息披露两个方面。在企业环境信息披露方面，企业必须遵循企业会计准则和污染者负担原则。与企业环境信息披露密切相关的文件主要包括《关于环境保护成本掌握和披露原则的规定》《环境会计制度实施指引》和《环境报告指南》（2000年版、2005年版和2007年版）。

同时，日本已有针对特定企业的非财务信息披露的半强制要求，但日本金融监管机构对金融机构的环境信息披露尚无统一标准和指南，以参考国际准则为主。日本会计管理研究协会颁布了《实施环境会计的基本思路——构建环境会计的基本框架》《环境报告保证经营的政策》《实施环境监测的几个问题》等相关文件，为实现上市公司环境信息披露提供了详细的操作指南。

新加坡

2020年，新加坡政府启动“2030年新加坡绿色计划”，涵盖自然城市、能源重启、可持续生活、绿色经济和有韧性的未来等主题，加强了新加坡在《联合国2030年可持续发展议程》和《巴黎协定》下的承诺，使新加坡能够尽快实现净零排放的长期目标。在上市公司环境信息披露方面，新加坡政府通过金融管理局和新加坡交易所等机构制定了一系列相关法规和指南，包括：①《第CFC 02/2022号通知》，要求环境社会及管制基金必须持续披露ESG相关信息；②《上市公司可持续发展报告规则》，要求新交所上市公司必须按照“不披露就解释”的原则编制年度可持续发展报告。

中国

中国的环境信息披露根据企业性质由不同的政府部门监管。作为中国环保事业的主管部门，环境保护部（现已改为生态环境部）对所有企业进行统一监管，其负责环境保护政策的制定、环境监测、环境评估、环境监管等，同时也是对环境信息披露进行监管的主要机构之一。中国证券监督管理委员会负责监管上市公司的环境信息披露工作，鼓励并引导上市公司践行绿色发展理念、积极履行社会责任，并逐步完善上市公司定期报告准则中关于环境信息披露的内容。这些监管机构在中国环境信息披露方面都扮演着重要的角色，负责确保企业履行环境责任、保护环境，同时保障公众的知情权、参与权和监督权。

环境信息披露相关法规和标准主要有：①《环境保护法》，规定了企业和单位必须依法履行环境保护责任，向公众披露环境信息；②《企业事业单位环境信息公开办法》，确定了企业事业单位应当披露的环境信息内容和披露方式；③《环境影响评价法》，规定了环境影响评价文件须向社会公示，并规定了公示的方式和时间；④《生态环境统计技术规范——排放源统计》，规定了统计部门必须公布环境统计数据和信息；⑤《环境信息公开办法》，这是国务院于2007年制定的关于环境信息公开的基本办法，对环境信息的公开做了详细规定；⑥《中国企业社会责任报告指南》，要求企业在其社会责任报告中披露其环境责任情况，包括环境政策、环境管理和环境绩效等方面的信息；⑦《ISO 14001 环境管理体系标准》，要求企业建立环境管理体系，并公开其环境责任情况，包括环境政策、环境目标、环境管理计划、环境绩效评价等方面的内容。这些法规和标准的实施，推动了企业环境信息披露的发展，促进了企业环境责任意识的提升和环境保护行动的实施。在国家层面，原环境保护部发布了《企业环境信息依法披露管理办法》，要求企业按照规定公开其环境信息，并定期向公众公开环境信息报告。在行业层面，许多行业协会和组织也发布了自己的环境信息披露标准和指南。在证券市场层面，中国证监会发布了《上市公司信息披露管理办法》等文件，要求上市公司披露与环境保护相关的信息，包括环境影响评价报告、环境监测报告、环境保护设施运行情况等。

对于上市公司这个比较特殊的群体，相关的环境信息披露法规也更为严格，其中主要包括以下规定。

（1）《企业环境信息依法披露管理办法》第二章“披露主体”部分明确规定符合本办法的上市公司必须依法披露环境信息。

（2）《公开发行证券的公司信息披露内容与格式准则第 1 号——招股说明书（2015 修订）》第四十四条规定，上市公司存在重污染情况的，在招股说明书中必须披露污染治理情况及因环境保护原因受到处罚的情况。

（3）《公开发行证券的公司信息披露内容与格式准则第 2 号——年度报告的内容与格式》第四十四条规定，属于环境保护部门公布的重点排污单位的公司或其重要子公司应依法披露主要环境信息，比如排污信息。

（4）《环境信息依法披露制度改革方案》要求符合要求的上市公司及时披露重要环境信息，完善环境信息强制式披露形式，强化企业内部环境信息管理。

（5）《上市公司环境信息披露指引》规定上市公司应及时披露与环境保护相关的重大事件，并根据自身需要，在公司年度社会责任报告中披露或单独披露相应的环境信息。

环境信息披露可以提高企业的透明度和社会责任感，有助于提高企业的环保意识和环保投入，同时也可以帮助投资者和消费者评估企业的环境风险和可持续性。总的来说，披露环境信息是企业具有透明度和社会责任的表现，企业应当按照规定公开自己的环境信息，提高环境风险管理水平，这也有利于维护企业的声誉和形象，满足投资者和消费者对企业可持续性的要求。

2.2 环境信息披露的原则

披露环境信息是为了促进公司或组织提升其在环境方面的透明度和责任感。通过公开披露环境数据、政策、实践和成果，公司或组织可以增加公众对其环境表现的了解，提高其可信度和声誉，并为利益相关者（如投资者、客户、员工、社区和政府）提供更全面的信息。这些信息可以帮助利益相关者更好地评估公司或组织的可持续性和环境风险，促进其改进环境表现和减少环境负担。此外，环境信息披露还可以促进环境保护的合作和合规性，同时也有助于政策制定者制定更有效的环境政策和监管措施。

因此，环境信息披露应该遵循以下原则。第一，全面性。披露的环境信息应该全面、准确地反映企业环境管理和环境保护情况，包括企业的环境政策、环境管理体系、环境影响评价、环境监测、环境投资等。第二，及时性。企业应该及时公开环境信息，以便公众及时了解企业的环境管理和环境保护情况。第三，透明度。企业应该以透明的方式公开环境信息，尽可能地提供详细的环境数据和信息，以便公众了解企业的环境责任履行情况。第四，可比性。企业应该采用通用的环境信息披露指标和标准，以便公众和利益相关者对不同企业的环境管理和环境保护情况进行比较和评价。第五，可信度。企业应该确保披露的环境信息真实可信，以便公众和利益相关者相信企业的环境责任履行情况。

2.3　环境信息披露的内容

环境信息披露应该包括以下内容。

（1）环境政策：企业应该公开自己的环境政策，包括环境目标、环境管理原则、环境保护要求等。企业应该明确自己对环境保护的承诺，并且不断完善自己的环境保护工作。

（2）环境管理体系：企业应该公开自己的环境管理体系，包括组织结构、职责分工、环境管理流程等。企业应该建立健全环境管理体系，确保环境保护工作有效实施。

（3）环境影响评价：企业应该公开自己的环境影响评价报告，包括环境影响评价的方法、评价结果等。企业应该在新项目开发前进行环境影响评价，确保项目对环境的影响符合相关法律法规和标准要求。

（4）环境监测与数据：企业应该公开自己的环境监测数据，包括废水、废气、固体废物等方面的监测数据。企业应该建立健全环境监测体系，确保监测数据的准确性和真实性。

（5）环境投入与产出：企业应该公开自己的环境投入与产出情况，包括环境投资、节能减排、环境保护工作成果等。企业应该注重环境投入和产出的平衡，推动环境保护和经济的协调发展。

（6）环境培训与教育：企业应该公开自己的环境培训与教育情况，包括员工环境意识培训、环境管理人员培训等。企业应该加强员工的环境意识培训和环境管理人员的专业培训，提高企业整体的环境管理水平。

（7）环境应急管理：企业应该公开自己的环境应急管理情况，包括应急预案、应急演练等。企业应该建立健全环境应急管理体系，确保应急事件的快速响应和有效处置。

2.4 环境信息披露的途径

在具体披露环境信息时，企业可以编制环境报告，公开企业的环境管理和环境保护情况。环境报告可以包括企业的环境政策、环境管理体系、环境影响评价、环境监测与数据等方面的信息。企业也可以编制社会责任报告，公开自己的环境保护工作情况和成果。社会责任报告通常包括企业的社会责任政策、社会责任管理体系、社会责任投资等方面的信息，其中环境信息是一个重要的组成部分。企业可以通过自己的网站向公众公开环境信息，例如，发布环境政策、环境数据、环境保护工作成果等。企业可以在投资者关系网站上公开环境信息，以满足投资者的要求。企业可以通过公告的方式公开环境信息，例如，公告环境监测数据、环境投资计划等。企业还可以在新闻媒体和社交媒体上公开环境信息，以满足公众的需求，例如，发布环境保护方面的新闻报道、接受媒体采访等。

与一般企业相比，对于上市公司信息披露的要求更高更严，具体表现为上市公司必须按照中国证监会、交易所等的相关规定披露信息，包括财务信息、业务信息、管理层信息、风险信息等，而一般企业可以自主决定信息披露的内容和方式。同时，上市公司需要按照规定定期披露财务信息，如年度报告、半年度报告和季度报告等，还要及时披露重要信息和内幕信息，披露时间更频繁，而非上市公司可以自由选择信息披露的时间和频率。而且上市公司的信息披露要求包括财务信息和非财务信息，如公司治理、风险管理、内部控制、环境保护、社会责任等非财务信息，披露内容更全面，而一般企业的信息披露一般只涉及财务信息。最后，上市公司的信息披露不仅面向投资者，也需要考虑社会公众和监管机构，因此披露信息时需要考虑不同利益相关方的需要和利益，披露目标更广泛。

由此可见，上市公司更加注重信息披露的质量和透明度，以维护公司的信誉和形象。因此，上市公司会寻求更多的渠道和媒介来披露环境信息，包括定期报告。上市公司应按照规定定期披露年度报告、半年度报告和季度报告等财务信息，并在其中披露与环境保护有关的信息。上市公司也会通过公告披露环境信息，包括公司治理、环保政策、环保目标、环境风险预警、环境违法行为等信息。上市公司还会通过环境报告来披露环境信息，公布公司环境管理的相关情况和数据，包括环保政策、环保目标、环保措施、环境投入、环保效果等内容。同时，官方网站也是披露环境信息的主要渠道。上市公司可以在公司官方网站上公开披露公司环境信息，包括环境政策、环保目标、环境监测数据、环境治理情况等。有的上市公司也会编制社会责任报告，公布公司的环境保护情况和措施。上市公司还可以通过新闻媒体发布公司的环境信息，提高公众对公司环保情况的认知度。也可以通过投资者关系活动，向投资者披露公司的环境信息，增强投资者对公司环保的信心。

上市公司披露环境信息的主要渠道包括定期报告、公告、环境报告、官方网站、社会责任报告、新闻媒体和投资者关系活动等。总的来说，企业可以通过多种途径向公众公开环境信息，满足公众和利益相关者对企业环境信息的需求。企业应当根据自身的情况和实际需求，选择合适的途径进行环境信息披露。需要注意的是，企业在披露环境信息时，应该遵循国家和地方的相关法律法规和政策要求，同时尊重公众和利益相关者的知情权和隐私权。

2.5 环境信息披露的总体现状

目前，越来越多的企业开始意识到环境责任的重要性，主动开展环境保护工作，并通过信息披露的方式向社会公开自己的环境信息。越来越多的企业开始定期发布环境报告，公开自己的环境保护工作情况和成果。这些报告通常包括企业的环境政策、环境管理体系、环境风险评估、环境投资、环境监测与数据等方面的信息。一些企业也将环境信息包括在其社会责任报告中，向社会公开企业的环境保护工作和成果，同时也公开其他社会责任方面的信息。随着投资者对企业社会责任关注度的提高，越来越多的投资者也开始关注企业的环境信息，包括环境风险和环境投资等方面的信息。国家和地方也开始支持和推动企业环境信息的披露，例如，中国证监会发布了《上市公司信息披露管理办法》，要求上市公司披露与环境保护相关的信息。国际标准化组织（ISO）也发布了环境管理方面的标准（如 ISO 14001），要求企业公开自己的环境信息，并建立透明的沟通渠道，以便公众和利益相关者了解企业的环境保护工作。

总的来说，环境信息披露在不断发展和完善。企业逐渐认识到环境责任对企业的重要性，并主动向社会公开自己的环境信息，以满足公众和利益相关者对企业可持续性的要求。

第三章 无锡市上市公司环境信息披露的案例分析

3.1 研究背景

无锡市政府在“2021碳达峰碳中和无锡峰会”上围绕着“零碳引领，无限锡望”的主题，进一步细化无锡市“双碳”发展远景和行动方案，在国内率先提出全力打造“零碳城市”的目标，力争较全国和江苏提前1~2年实现碳达峰，全方位打造新时代碳中和先锋城市（高美梅，2021）。

国家统计局数据显示，2021年无锡地区生产总值达到14003.24亿元，人均GDP为18.74万元，位居全国第一。随着经济的飞速发展，无锡上市公司数量也相应保持着高速增长。截至2021年底，无锡拥有上市公司103家，累计市值达到12200.29亿元。从产业分布看，无锡上市公司主要集中在机械设备、化工、电气设备等传统行业，体现其以工业为主导的产业结构特征。但近年来，随着产业结构的调整，医药生物和电子板块强劲崛起，上市公司市值分布呈现高科技化的趋势，医药生物和电子板块合计市值已超所有上市公司总市值的一半。产业高地之下，潜伏着碳排放量巨幅增长的深层隐患。上市公司如何履行社会责任，成为绿色节能领域的领跑者，助推无锡达到

“零碳城市”的目标，实现碳排放强度有效下降，是无锡市高质量发展面临的难题。

迄今为止，基于无锡本地上市公司社会责任履行情况调查的文献十分有限。张涵（2013）选取了34家无锡上市公司作为样本，对企业履行社会责任的现状和问题进行了研究，发现无锡上市公司社会责任履行的整体水平不高，且有两极分化的趋势；并且上市公司社会责任的表现受到企业规模和行业因素的影响；同时公司主要聚焦于对政府和社区履行社会责任，不够重视对员工履行社会责任。近年来，随着无锡上市公司数量的增多、“双碳”目标的推进，亟需相关研究来揭示无锡上市公司环境信息披露的现状及动机。无锡上市公司也应深入学习研究相关的文件和政策，做好环境信息披露系统建设，以落实“双碳”任务为引领，促进经济社会发展全面绿色转型，统筹有序做好碳达峰和碳中和工作。

3.2 无锡市上市公司环境信息披露现状

本章选取无锡市上市公司作为样本，分析其近年来的环境信息披露状况。本章数据分析选取的时间为2016—2020年，所有数据均来源于CSMAR数据库的上市公司环境信息相关数据。截至2020年底，在国内资本市场上市的无锡公司一共有90家，其中无锡地区66家、江阴地区17家、宜兴地区7家。由此可见，无锡的两个县级市也有强大的经济活力，与无锡市齐头并进，引领资本市场的“苏南模式”。

从上市公司的类型来看，可以分为五类，分别是上证A股公司、深证A股公司、深证B股公司、创业板公司和科创板公司。由表3-1可见，无锡上市公司超过半数在A股主板上市，包括上证和深证板块。同时，无锡公司近几年在创业板和科创板的表现也很活跃，已成功 IPO 的企业分别有 23 家和 6 家，体现了无锡上市公司以硬核科技为底色，以创新为驱动的新经济形态。而在深证 B 股上市的无锡公司一共只有一家。2020 年底，无锡地区上市公司总市值为 9123.22 亿元，其中上证 A 股（不包含科创板）公司总市值为 4871.39 亿元，深证 A 股（不包含科创板）公司总市值为 1975.10 亿元，总市值在各板块中分别居第一、第二位。随着高新科技企业的蓬勃发展，到 2021 年底，创业板公司总市值跃居第二位。无锡市值最高的上市公司是药明康德，在 2020 年底市值高达 3317.35 亿元，是第二名先导智能（市值 760.77 亿元）的 4 倍多，稳居无锡企业龙头地位。

表 3–1　2020 年底无锡上市公司市值

类型	数量	总市值 / 亿元
上证 A 股（不包含科创板）公司	35	4871.39
深证 A 股（不包含科创板）公司	25	1975.10
深证 B 股公司	1	211.02
创业板公司	23	1965.19
科创板公司	6	100.52
合计	90	9123.22

从表 3–2 可以看出，无锡上市公司的产业分布不太均衡。大部分的上市公司来自工业板块（71 家），其次来自公共事业板块，共有 14 家，剩下的少数企业来自金融、商业和房地产板块。同时由表 3–2 还能看出，无锡地区的私营企业十分活跃，经济实力和产业基础比较强，数量占到上市公司的近 80%。国营企业或国有控股企业和中外合资企业分别有 8 家和 10 家，各占 8.89% 和 11.11%。另外，江阴市的华西股份作为无锡市唯一一家上市的集体企业也是榜上有名。

表 3-2　2020 年底无锡上市公司产业分布

产业	国营企业 / 国有控股企业		私营企业		中外合资企业		集体企业		合计
	数量	占比	数量	占比	数量	占比	数量	占比	
工业	3	4.23%	60	84.51%	7	9.86%	1	1.41%	71
商业	0	0	1	100.00%	0	0	0	0	1
公用事业	2	14.29%	9	64.29%	3	21.43%	0	0	14
房地产	1	100.00%	0	0	0	0	0	0	1
金融	2	66.67%	1	33.33%	0	0	0	0	3
合计	8	8.89%	71	78.89%	10	11.11%	1	1.11%	90

由于数据库中部分样本数据缺失，表 3-3 中 2016—2020 年的样本公司数量分别是 54 家、69 家、74 家、77 家和 89 家，但表 3-4 至表 3-7 中的样本公司数量在 2020 年只有 28 家，其余年度和表 3-3 保持一致。

表 3-3　无锡上市公司环境信息披露载体统计

年度	样本公司数量	公司年报	社会责任报告	环境报告
2016	54	50	5	0
2017	69	67	5	0
2018	74	71	7	0
2019	77	75	6	0
2020	89	88	10	1

迄今为止，环境信息的披露方式和载体尚未达成法律或社会意义上的统一。目前我国上市公司对环境信息进行披露的途径主要有如下三种：公司年报、独立的社会责任报告和独立的环境报告。如表 3-3 所示，通过对环境信息披露载体的分析发现，无锡上市公司大部分采用公司年报进行环境信息披露，只有少数公司以社会责任报告的形式

进行披露（2016年5家，2017年5家，2018年7家，2019年6家，2020年10家），而仅有国联证券在2020年选用独立的环境报告披露公司的环境信息。由此可见，无锡上市公司披露环境信息的载体较为单一，没有形成系统化的披露体系。

从披露内容的整体情况看，由表3–4可知，除环保事件应急机制和环保荣誉或奖励这两个项目外，其他项目指标总体上都呈现逐年增长的趋势，以环保理念、环保管理制度体系和“三同时”制度这三个项目最为突出。以2016年的数据作为对比，在2020年这三项分别增加了18.92%、26.33%和16.01%。与此同时，环保事件应急机制的披露情况呈倒U形分布，在2016年至2018年从5.56%上升至22.97%，此后呈逐年下降趋势，到2020年跌至17.86%。另外，环保荣誉或奖励也呈现类似的变化趋势，从2016年的5.56%上升至2018年的12.16%，再降至2020年的0披露。以上数据表明，无锡上市公司基本上对环境信息披露持有正面和积极的态度，对这些相关指标的披露越来越重视，试图向社会传递正面积极的信号，树立企业履行社会责任的良好形象。但总体上讲，无锡上市公司环境信息内容披露的水平较低，披露各项环境指标的公司数量与样本公司数量相比均未过半。

表3–4　无锡上市公司环境信息披露内容情况

年份	2016		2017		2018		2019		2020	
样本数量	54		69		74		77		28	
环保理念	11	20.37%	18	26.09%	19	25.68%	22	28.57%	11	39.29%
环保目标	1	1.85%	1	1.45%	4	5.41%	5	6.49%	2	7.14%
环保管理制度体系	7	12.96%	18	26.09%	17	22.97%	17	22.08%	11	39.29%
环保教育与培训	1	1.85%	2	2.90%	5	6.76%	3	3.90%	2	7.14%
环保专项行动	3	5.56%	5	7.25%	6	8.11%	8	10.39%	3	10.71%

续表

年份	2016		2017		2018		2019		2020	
环保事件应急机制	3	5.56%	10	14.49%	17	22.97%	16	20.78%	5	17.86%
环保荣誉或奖励	3	5.56%	7	10.14%	9	12.16%	8	10.39%	0	0.00%
“三同时”制度①	1	1.85%	10	14.49%	10	13.51%	14	18.18%	5	17.86%

表 3–5 揭示了无锡上市公司监管与认证的披露情况。在样本公司中，被列为重点污染监控单位的占比并不多，在 2020 年仅占 14.29%，这表明无锡上市公司具有向高向强攀升的产业追求，无锡产业的转型升级和能级升级在资本市场得到了很好的体现。同时，除 2018 年外，无锡上市公司的污染物排放达标均为 100%。2016—2020 年，突发环境事故和环境信访事件均为 0。2018 年和 2019 年有极少数公司发生了环境违法事件（分别为 4 家和 1 家），其余年份环境违法事件均为 0。在环境认证方面，通过 ISO 14001 环境管理体系认证和 ISO 9001 质量管理体系认证的企业占比在 2016—2020 年始终保持稳定态势，未有显著突破。以上数据表明，无锡上市公司中重点污染企业的数量较少，大部分公司都能较好地遵守政府的环保政策，自觉履行社会责任和义务。但通过 ISO 认证的企业占比并不高，需要提高无锡上市公司的质量管理和环境管理认证意识。

表 3–5　无锡上市公司监管与认证披露情况

年份	2016		2017		2018		2019		2020	
样本数量	54		69		74		77		28	
重点污染监控单位	5	9.26%	12	17.39%	12	16.22%	15	19.48%	4	14.29%

① “三同时”制度是指建设项目需要配置的环境保护设施必须与主体工程同时设计、同时施工、同时投产使用的环境法律制度，这是我国独创并行之有效的环境管理制度。

续表

年份	2016		2017		2018		2019		2020	
污染物排放达标	54	100.00%	69	100.00%	73	98.65%	77	100.00%	28	100.00%
突发环境事故	0	0.00%	0	0.00%	0	0.00%	0	0.00%	0	0.00%
环境违法事件	0	0.00%	0	0.00%	4	5.41%	1	1.30%	0	0.00%
环境信访事件	0	0.00%	0	0.00%	0	0.00%	0	0.00%	0	0.00%
通过 ISO 14001 认证	15	27.78%	15	21.74%	22	29.73%	20	25.97%	8	28.57%
通过 ISO 9001 认证	14	25.93%	16	23.19%	23	31.08%	21	27.27%	8	28.57%

表 3-6 揭示了无锡上市公司环境负债的披露情况，描述了废水、COD、SO_2、CO_2、烟尘和粉尘的排放量以及工业固废物产生量的具体披露手段和方法。2016—2020 年，大部分企业对于上述环境负债不做任何披露，只有极少数企业用定性或定量的方式进行相关披露。相对而言，披露废水排放量的企业占比较多，但以定性描述为主，有定量描述的企业这五年分别仅占 3.70%、7.25%、10.81%、7.79% 和 10.71%。在已披露 COD 和 SO_2 排放量的企业中，在大部分观测时间内，披露具体定量数据的企业的占比超过披露文字定性信息的企业。CO_2 排放量和工业固废物产生量的披露情况不太理想，披露的企业数量较少，且基本都以定性披露为主。只有两家企业分别在 2016 年和 2020 年通过定量的方式披露了 CO_2 排放的具体数量，一家企业在 2020 年披露了工业固废物的具体产生量。总体而言，无锡上市公司环境负债信息的披露情况不太理想，大多数企业保持沉默，为了维持企业声誉不愿披露环境负面信息。此外，对于可定量衡量的项目，已披露企业更倾向于选择简单的定性描述。

表 3-6 无锡上市公司环境负债披露情况

年份		2016		2017		2018		2019		2020	
样本数量		54		69		74		77		28	
废水排放量	无描述	42	77.78%	45	65.22%	46	62.16%	44	57.14%	15	53.57%
	定性	10	18.52%	19	27.54%	20	27.03%	27	35.06%	10	35.71%
	定量	2	3.70%	5	7.25%	8	10.81%	6	7.79%	3	10.71%
COD 排放量	无描述	51	94.44%	63	91.30%	67	90.54%	70	90.91%	26	92.86%
	定性	1	1.85%	2	2.90%	1	1.35%	2	2.60%	0	0.00%
	定量	2	3.70%	4	5.80%	6	8.11%	5	6.49%	2	7.14%
SO_2 排放量	无描述	53	98.15%	65	94.20%	70	94.59%	72	93.15%	26	92.86%
	定性	0	0.00%	3	4.35%	2	2.70%	2	2.60%	0	0.00%
	定量	1	1.85%	1	1.45%	2	2.70%	3	3.90%	2	7.14%
CO_2 排放量	无描述	52	96.30%	68	98.55%	74	100.00%	77	100.00%	26	92.86%
	定性	1	1.85%	1	1.45%	0	0.00%	0	0.00%	1	3.57%
	定量	1	1.85%	0	0.00%	0	0.00%	0	0.00%	1	3.57%
烟尘和粉尘排放量	无描述	51	94.44%	63	91.30%	67	90.54%	66	85.71%	24	85.71%
	定性	2	3.70%	4	5.80%	3	4.05%	7	9.09%	3	10.71%
	定量	1	1.85%	2	2.90%	4	5.41%	4	5.19%	1	3.57%
工业固废物产生量	无描述	53	98.15%	68	98.55%	71	95.95%	75	97.40%	25	89.29%
	定性	1	1.85%	1	1.45%	3	4.05%	2	2.60%	2	7.14%
	定量	0	0.00%	0	0.00%	0	0.00%	0	0.00%	1	3.57%

相对于环境负债披露，环境业绩与治理披露更有利于塑造企业的正面形象，因此上市公司更乐意披露此类相关信息。但由表 3-7 可知，可能出于披露成本的考虑，无锡上市公司披露环境业绩与治理情况的意愿也并不太高，对各项指标进行披露的企业占比均未过半。但是除清洁生产实施情况的披露状况一直不太理想之外，其余各项指标

的披露均有逐年上升的趋势。特别是废气减排治理情况，无描述的企业由 2016 年的 81.48% 降低至 2020 年的 57.14%，愿意主动进行披露的企业占比大幅度提升。在已披露废气减排治理情况的企业中，大部分还是以定性描述为主，只有极少部分企业采用定量披露的方法。以 2020 年为例，有 35.71% 的企业选择以定性描述方式披露废气减排治理情况，而只有 7.14% 的企业选择详细披露具体的数据。其他各项指标也以定性披露为主，清洁生产实施情况这五年甚至未有企业进行定量披露。因此，提高上市公司环境业绩与治理披露的积极性和信息披露的质量是“双碳”背景下的迫切需求。

表 3–7　无锡上市公司环境业绩与治理披露情况

年份		2016		2017		2018		2019		2020	
样本数量		54		69		74		77		28	
废气减排治理情况	无描述	44	81.48%	50	72.46%	50	67.57%	52	67.53%	16	57.14%
	定性	6	11.11%	18	26.09%	21	28.38%	21	27.27%	10	35.71%
	定量	4	7.41%	1	1.45%	3	4.05%	4	5.19%	2	7.14%
废水减排治理情况	无描述	44	81.48%	45	65.22%	46	62.16%	45	58.44%	17	60.71%
	定性	8	14.81%	22	31.88%	25	33.78%	29	37.66%	9	32.14%
	定量	2	3.70%	2	2.90%	3	4.05%	3	3.90%	2	7.14%
粉尘、烟尘治理情况	无描述	51	94.44%	64	92.75%	67	90.54%	66	85.71%	24	85.71%
	定性	2	3.70%	4	5.80%	6	8.11%	10	12.99%	4	14.29%
	定量	1	1.85%	1	1.45%	1	1.35%	1	1.30%	0	0.00%
固废利用与处置情况	无描述	46	85.19%	53	76.81%	55	74.32%	52	67.53%	18	64.29%
	定性	7	12.96%	16	23.19%	18	24.32%	25	32.47%	10	35.71%
	定量	1	1.85%	0	0.00%	1	1.35%	0	0.00%	0	0.00%
噪声、光污染等治理情况	无描述	51	94.44%	61	88.41%	60	81.08%	59	76.62%	21	75.00%
	定性	2	3.70%	8	11.59	13	17.57%	18	23.38%	7	25.00%
	定量	1	1.85%	0	0.00%	1	1.35%	0	0.00%	0	0.00%

续表

年份		2016		2017		2018		2019		2020	
清洁生产实施情况	无描述	52	96.30%	56	81.16%	66	89.19%	68	88.31%	26	92.86%
	定性	2	3.70%	13	18.84%	8	10.81%	9	11.69%	2	7.14%
	定量	0	0.00%	0	0.00%	0	0.00%	0	0.00%	0	0.00%

3.3 无锡市上市公司环境信息披露动力机制优化建议

由于自愿披露的原则，无锡上市公司环境信息披露的现状不甚理想。但在现阶段全国“双碳”背景的引领下，在无锡政府“零碳目标”的指引下，上市公司应该清醒地意识到，可持续发展不再是高标准的加分项，而成了必选项。因此，如何提升无锡上市公司披露环境信息的动力，提高信息披露的质量，是本章研究的重点。企业披露环境信息的动力可分为内部动力和外部动力。

3.3.1 强化治理结构，倡导企业家社会责任

公司的治理结构和管理团队的意愿均被发现与环境信息披露的状态息息相关（王凤等，2020；杨广青等，2020；何平林等，2019）。上市公司需强化治理结构，规范独立董事的准入机制，确保独立董事的制衡作用，保护投资者的合法权益。同时，上市公司应优化股权结构，以防控制权过度集中，并引入高管激励机制，将高管的薪酬与企业社会责任的履行相挂钩，促使管理者主动披露环境信息。

企业的管理者处于环境信息披露的枢纽地位，是感知利益相关者压力的主要群体，拥有环境信息披露的最终决策权，因此企业家的环

保理念和社会责任意识与环境信息披露的程度和质量直接相关。大部分管理者披露环境信息的主要动机是应对外部压力和保证企业生产的合法性，但换一种角度来看，环境信息披露可以作为一种经营策略，向利益相关者释放信号，表明企业合法经营并遵守社会标准的程度，降低企业风险，建立良好的声誉，提高资本和产品的竞争力。无锡上市公司应加大关于节能减排、绿色发展理念的宣传力度，促使企业管理层意识到可持续发展的重要性和必要性，达成生态与经济效益并重的共识，积极主动地利用最新科技手段和新媒体来加强环境信息披露的及时性、完整性和有效性，助力无锡生态文明和“零碳城市”建设。

3.3.2　强化市场压力，健全环境监督管理体系

党的十九大报告中提出必须“提高污染排放标准，强化排污者责任，健全环保信用评价、信息强制性披露、严惩重罚等制度”。作为无锡企业的领头羊，无锡上市公司应当主动承担环境责任。同时，地方政府也应加强环境监督工作，强化法律执行措施，提高执行效率，加大市场压力，为社会责任监管体系的运作营造良好环境（魏晓博，2013）。

此外，应逐步健全有关企业社会责任披露的法律法规，早日实现环境信息披露从自愿型向强制型过渡，对环境信息披露的内容、时间和形式做出强制性的法律规定，加大对违反环境信息披露法规的处罚力度，并结合地方环境法规，提高社会责任监管制度的实施效率（陈燕平等，2021）。资本市场应加大市场监管力度，对于环境绩效较好的企业给予奖励，鼓励其披露更多更可靠的信息。对于违反环境保护法规的企业要加强监督，避免其隐藏负面信息来逃避惩罚。为了防止企业选择性披露信息或掩盖部分负面信息，一些项目应被规定为强制性披露，比如废水、废气的排放量等。只有程式化、制度化地披露环境信息，监管部门才能进行有效的环境治理，投资者才能全面衡量企业绩效并做出有效决策，社会公众才能行使环境监督的权利。

3.3.3 强化媒体压力，构建统一的环境信息披露体系

作为一种外部监督机制，媒体报道在资本市场上发挥着重要的作用。媒体通过报道向外界传递企业信息包括环境信息，企业出于自身利益应对媒体报道，媒体报道经由声誉机制影响企业的披露行为。无锡市政府应加强网络媒体公信力建设，支持媒体良性有序发展，提升公众对媒体的信任程度，同时保护媒体的独立性与客观性，避免介入过多致使媒体的监督职能被扭曲，从而影响其外部监督作用。

现有的环境信息披露体系只具有指导性的作用，内容不够细化，给予了企业充分的自主性，导致大部分上市公司选择性披露环境信息。因此，应尽快制定统一的环境信息披露体系，细化对上市公司披露环境信息的具体要求，更精准地引导和促使企业积极主动地披露环境信息。从环境信息披露的具体内容、具体格式、具体方式等细节出发，引导企业披露完整有效的环境信息。进一步加强指标评价体系建设，构建符合我国国情的披露评价体系，在统一标准的指导下强化外部信息使用者对上市公司的监督作用。我国应逐渐将环境信息披露情况纳入上市公司信用评价体系，使之影响企业信用评级结果，并与环境经济政策相衔接，从而建立基于信用评级结果的奖惩措施，同时将信用评级结果纳入年报、财务和社会责任考核的体系中，反向促进上市公司披露环境信息。另外，加快建立环境审计体系，提高企业环境业绩的可靠性和可信度（蔡春等，2019）。

3.4 本章结论

从改革开放初期开创“苏南模式”，到“千亿级”高成长性新兴企业的崛起，无锡上市公司紧紧抓住改革开放和产业转型的机遇，借

助金融资本渠道融资，为实体经济的发展注入源源不断的动力，为无锡建设现代产融发展基地奠定了良好的基础。本章分析比较了无锡上市公司 2016—2020 年环境信息披露的内容和方式，发现在“零碳城市”的远景目标下，无锡上市公司环境信息披露的内容越来越全面，但是对具体项目的披露还远远不够，披露的程度差异也比较大，而且进行描述的内容也大相径庭。另外，对于可定量衡量的项目，多数企业更倾向于选择定性描述，对负面的消息只是进行简单的定性描述。同时，根据无锡上市公司环境信息披露的现状，本章提出了优化无锡上市公司环境信息披露动力机制的几点建议：强化治理结构，倡导企业家社会责任；强化市场压力，健全环境监督管理体系；强化媒体压力，构建统一的环境信息披露体系。本章有助于行政部门梳理并制定相关政策，为实施企业社会责任报告外部审计和强制披露提供经验支持，为无锡达到“零碳城市”的战略目标提供理论依据。

第四章

A公司社会责任信息披露的案例分析

4.1 研究背景

随着改革开放的深入，越来越多的企业为了扩大经营规模，盲目地追求利益最大化，而忽视企业应当承担的社会责任。在改革开放初期，诸如环境污染、偷税漏税、侵害职工权益、制售假冒伪劣产品等违法犯罪行为屡禁不止，这不仅阻碍了企业自身的可持续发展，还严重地影响了社会经济的稳定健康。随着经济的发展和人类文明程度的提高，这些事件引起了社会公众的广泛关注和思考，人们也开始意识到企业如果继续一味地追求经济利益而忽视应承担的社会责任，那么后果会不堪设想。因此，在20世纪，全球范围内掀起了一股“企业社会责任”的浪潮，会计学界也开始思考如何界定并披露企业的社会责任，从而规范企业的行为。在这种思潮的推动下，20世纪80年代，社会责任会计应运而生。

由于不同行业具有不同的特点，在生产和运作中对社会造成的影响也不同，需要承担的社会责任也具有较大差异。因此，在对企业社会责任进行研究时应对不同行业进行单独研究。近些年，煤炭消费在我国能源消费中所占比重虽逐年下降，但在整个能源消费总量中仍占有主导地位。目前，各产煤地区、煤矿安全监管监察部门、煤矿企业都在不断强化红线意识，监管监察执法效能不断提高，防灾治灾能力不断提升，煤矿智能化建设不断加快，煤矿安全基础也在不断夯实。但事实上，煤炭行业仍存在开采不合理、资源浪费、安全问题得不到保障等众多问题。2019 年，全国煤矿发生死亡事故 170 起，死亡 316 人，较大以上事故起数和死亡人数同比分别增加 6 起、54 人。因此，重点关注煤炭企业披露的社会责任会计信息就显得尤为必要。

我国煤炭行业缺乏统一的披露体系，从而导致煤炭企业信息披露的内容与形式五花八门，尤其对负面信息更是不披露或是选择性披露。大多数披露也都是以定性的文字性描述为主，数据、指标与同期同行业对比几乎没有。A 公司作为煤炭行业的领军企业，从 2008 年起就独立披露企业社会责任报告，其社会责任报告在行业中有一定的影响力，也在一定程度上反映了整个行业的基本水平。因此，本章以 A 公司为研究对象，具有一定的代表性，能够从一定程度上反映煤炭行业的整体披露水平。

4.2　研究意义

我国社会责任会计研究起步较晚，企业的社会责任披露意识也相对薄弱，目前针对煤炭行业也尚未形成一个系统的社会责任会计信息披露体系，因此我国煤炭行业的社会责任会计信息披露存在不规范、不系统的问题。A 公司作为煤炭行业中的老牌央企和领军企业，其社会责任报告在行业中有一定的影响力，也在一定程度上可以反映整个行业的整体披露水平。因此，本章对 A 公司社会责任会计信息披露的相关问题进行探索研究，提出完善 A 公司社会责任会计信息披露体系的措施，以期能够对煤炭行业的其他企业有一定的借鉴和指导作用，促进我国社会责任会计的研究和发展，推动我国该学科前沿问题的研究与国际同步。

煤炭行业是我国安全生产事故频发的行业，并且在我国的社会经济中占有重要地位，所以煤炭企业必须承担起在自然保护和环境保护方面的重要责任。因此，对A公司社会责任会计信息披露情况进行研究，不仅仅是对整个煤炭行业的企业社会责任情况进行监督审查，也是为健康发展国家的整体经济提供有力支持。

4.3 国内外研究现状

Linowes（1968）首次提出“社会责任会计”这一概念，他指出“社会责任会计是会计在社会学、政治科学和经济学等社会科学中的应用”。从此，社会责任会计进入了人们的视野，也揭开了社会责任会计的研究序幕。1972年，Linowes又对社会责任会计的定义进行了修正，提出了“社会责任会计衡量和分析政府及企业行为对公共部门所产生的经济和社会结果”的基本观点，由此便开始了对社会责任会计的系统性研究。Epstein和Freedman（1994）认为企业披露社会责任信息时应该重点考虑利益相关者的需求，主要披露内容有员工保障、社会活动、生态保护等与利益相关者有关的信息。Zairi和Peters（2002）通过对发达国家社会责任信息的披露情况进行对比后指出，信息披露的内容应至少包括对员工、投资人、债权人、客户以及社会承担的责任等。Chen和Roberts（2010）研究了近些年披露过程中出现的问题，总结归纳出环境信息和社会信息两大板块。环境信息板块的内容是指环保情况和资源耗费状况，社会信息板块的内容是指企业对社会的贡献程度和员工权益保障情况。

Abbo和Monsen（1979）通过运用SID指数法，把披露的社会责任信息归纳为文字叙述和数据支撑两个方面，对企业社会责任综合履行水平进行了量化，并通过最后的分值来考量企业披露水平的高低。

尽管该方法存在较大的主观性，但仍然开创了企业社会责任会计信息量化的先河。

20 世纪 80 年代，我国首次引入了企业社会责任会计的概念。喻昊（2010）认为“企业社会责任会计通过进行核算对相关资料归集构成为企业伦理的数据媒介”，其核算企业履行社会责任所产生的社会成本和社会收益，反映出企业对社会做出的贡献以及给社会造成的损害，向其利益相关者如实报告经营收益以及社会影响情况，进而最大限度提高企业的社会净贡献水平。

乔森和贾金荣（2013）认为企业社会责任会计信息披露内容应包括对投资者、员工、消费者、生态环境、社会大众、社区的社会责任六个方面，并且构建了社会责任会计信息披露的框架。景晓娟和彭钰皓（2014）认为企业从社会得到利益的同时，也需要肩负一定的社会责任，并且应该积极地披露企业对各方履行责任的情况，做到对消费者负责、对职工负责、对企业股东负责、对社会负责，做一个有良心、有责任心的企业。李爱英（2014）认为企业社会责任应涵盖企业对生态环境的改善和保护、对员工福利的提高、对人力资源的贡献以及提高产品质量和服务四方面的内容。

对于社会责任会计信息披露方式，我国学者宋献中和李皎宇（1992）第一次提出了简单模式、中级模式和高级模式三种报告模式。黎精明（2004）提出构建我国企业社会责任会计信息披露体系的四条建议，分别是设置社会责任会计科目、三大核心报表与部分辅助性财务报表相结合、会计以及非会计基础型共同发展、编制独立的社会责任报告。阳秋林（2005）试图构建适合我国国情的信息披露模式，认为中小型公司可以直接在现有报告中增设部分社会责任相关指标，大型公司则应当编制独立的社会责任报告。于增彪和何晴（2010）提出单独的披露方法无法达到利益相关者的要求，“现阶段企业社会责任信息披露正朝着报告形式多样化、报告内容多维化的方向在发展”。李晴（2019）认为当前社会责任会计信息披露普遍存在披露比例不高、披露质量不高且缺乏必要的审计和外部监督机制等问题，提出要建立企业社会责任会计准则、建立自愿与强制相结合的信息披露机制以及建立社会责任审计和外部监督机制。王倩和张娟（2019）提出根据企业对环境的影响程度以及社会关注度可将企业划分为九类，不同类型的企业采取不同的社会责任会计信息披露方案。郝丹丹（2020）以我国煤炭行业27家上市公司2013—2017年连续五年披露的社会责任信息为研究对象，从实质性、完整性、可读性、可比性、平衡性和可靠性六个维度对企业社会责任信息披露质量进行评价，发现目前我国煤炭行业存在披露内容不完整、定量数据披露不足、可靠性较低、对影响行业重大方面的内容披露不足等问题，提出要提高企业披露意识，健全相关法律法规，加大监管力度。

通过对国内外学者的研究文献进行梳理和分析发现，国外学者对于社会责任会计信息披露的研究起步较早，也取得了一定的成就。与之相比，我国社会责任会计信息披露研究起步较晚，目前的研究主要还是在国外的研究框架基础上进行分析，研究范围包括披露内容、形式、范围等诸多方面。但目前为止，国内外对于煤炭行业社会责任会计信息披露的研究都比较少。

4.4 信息披露的理论基础

4.4.1 利益相关者理论

基于利益相关者理论的企业社会责任研究是基于信息使用者的视角。学者 Freeman（1984）提出了利益相关者的定义，他指出利益相关者能够对企业目标产生重大影响，或者能够受企业完成目标过程的影响，企业与利益相关者之间相互影响。利益相关者既包括管理层、员工、贸易商客、消费者等与生产经营活动相关的人员，也包括媒体、政府等企业以外的集体。利益相关者的定义指明了社会责任会计信息的使用者。利益相关者理论认为，企业实际上是一个由各种利益相关者组成的“联合体”。企业要想进行正常的经营发展，不仅需要股东在资本、技术、劳动力等方面提供有限的资料，还需要其他利益相关者提供大力支持。因此，企业应该被视为由全体利益相关者所有。企业除了对股东负经济责任外，还要承担对其他利益相关者的社会责任，其披露的社会责任会计信息也应为所有利益相关者服务。在投入资金等生产资料后，利益相关者不仅依靠财务信息去了解资本运行状态，还要依靠社会责任会计信息并结合自身利益来评价企业经营活动。

4.4.2　信息不对称理论

信息不对称是指不同市场参与者获取信息的能力不同，因此对于同一经济活动往往会获取不一样的信息，获取信息越多、越充分的一方越容易成功。信息不对称是企业披露社会责任会计信息的动因。由于信息不对称，在交易发生前参与者可能会做出逆向选择，交易完成后会导致道德风险。由于企业利益相关者对那些信息披露质量高的企业的社会责任了解不太多，因此，对其披露质量的要求也就很低，停留在他们的认知范围内。这样，这些披露质量高的企业就很容易降低披露质量，从而导致信息披露质量变差。这就是信息不对称导致的逆向选择。道德风险往往是指企业履行社会责任较少，而为了树立良好的社会形象，利用信息不对称故意有选择地披露好的方面、隐藏不利信息。

4.4.3　可持续发展理论

可持续发展战略是指，要纠正先污染再治理的老路，在经济发展过程中，在满足当代人需求的同时，也要高度重视环境问题，不给后代的发展造成遗留问题。可持续发展战略与企业社会责任有着密切关系。实行可持续发展战略有助于促进企业承担社会责任，反过来企业社会责任意识越强，可持续发展战略就贯彻得越彻底。企业在发展中应积极履行社会责任，这样可以为企业赢得良好的社会声誉，增强企业的竞争力，确保经济、环境与社会的可持续发展。企业要不断地发展壮大，就要始终坚持可持续发展战略，积极披露自身的社会责任信息。

4.5 A 公司财务情况及社会责任会计信息披露现状

4.5.1 公司财务情况介绍

A 公司在过去几年的时间里一直保持着良好的上升势头，以积极的姿态迎接和应对市场经济的变化，不断地调整并保持创新。2020年，面对新冠疫情的冲击和煤炭、煤化工产品价格大幅下行的压力，公司深入贯彻新发展理念，坚定高质量发展信心，统筹推进疫情防控和经营发展各项工作，全年实现营业收入 1409.61 亿元，同比增加116.26 亿元；在来自参股公司投资收益同比减少 11.71 亿元的情况下，实现利润总额 123.25 亿元，同比增加 1.74 亿元；归属于母公司股东的净利润 59.04 亿元，同比增加 2.75 亿元；经营活动产生现金流量净额 226.32 亿元，同比增加 6.51 亿元，其中剔除财务公司吸收 A 公司之外的成员单位存款减少的因素后，生产销售活动创造现金净流入237.07 亿元，同比增加 15.62 亿元，继续保持了较强的经营能力。公司发挥科学生产组织和营销网络全覆盖的优势，努力增产增销，保障能源供给，自产商品煤产量 11001 万吨、销量 11105 万吨，同比分别增加 817 万吨、910 万吨，实现买断贸易煤销量 14644 万吨，同比增加 2517 万吨，公司煤炭销售量创历史新高。公司持续加强精益管理，科学管控成本，自产商品煤单位销售成本同比下降 23.62 元 / 吨。煤化工企业优化生产组织，安全高效稳定运行，聚烯烃单位销售成本同比下降 490 元 / 吨，保持行业领先的盈利水平。在煤矿装备业务方面，扎实推进“双百”行动，体制机制活力不断增强，收入、利润实现同比增长。在金融业务方面，持续加强精益管理、金融服务和科技创新，主要经营指标再创历史最好水平。A 公司 2015—2020 年财务指标如表 4–1 所示。

表 4–1　A 公司 2015—2020 年财务指标

每股指标	2015 年	2016 年	2017 年	2018 年	2019 年	2020 年
基本每股收益 / 元	–0.1900	0.1500	0.1700	0.2500	0.4200	0.4500
扣非每股收益 / 元	–0.2100	0.0800	0.1600	0.2600	0.4000	0.4300
稀释每股收益 / 元	–0.1900	0.1500	0.1700	0.2500	0.4200	0.4500
每股净资产 / 元	6.2966	6.4823	6.7354	6.9470	7.3312	7.6069
每股公积金 / 元	2.8312	2.8767	2.9416	2.9227	2.9320	2.9184
每股未分配利润 / 元	2.0542	2.1969	2.2922	2.4314	2.7550	3.0451
每股经营现金流 / 元	0.5494	0.9102	1.3238	1.5405	1.6578	1.7070
成长能力指标	2015 年	2016 年	2017 年	2018 年	2019 年	2020 年
营业总收入 / 亿元	592.7	606.6	815.1	1041.0	1293.0	1410.0
归属净利润 / 亿元	–25.20	20.28	22.92	33.52	56.29	59.04
扣非净利润 / 亿元	–28.29	10.81	20.70	34.41	53.47	57.48
营业总收入同比增长 /%	–16.12	2.35	34.37	27.76	24.19	8.99
归属净利润同比增长 /%	–428.70	180.46	13.03	46.28	67.90	4.90

续表

成长能力指标	2015 年	2016 年	2017 年	2018 年	2019 年	2020 年
扣非净利润同比增长 /%	-1354.75	138.20	91.54	66.24	55.36	7.51
营业总收入滚动环比增长 /%	-6.61	8.50	2.77	5.96	6.64	4.20
归属净利润滚动环比增长 /%	-61.67	4978.51	-32.28	-18.36	9.64	46.92
扣非净利润滚动环比增长 /%	-35.32	194.72	-39.80	-12.62	9.30	51.39
盈利能力指标	**2015 年**	**2016 年**	**2017 年**	**2018 年**	**2019 年**	**2020 年**
净资产收益率（加权）/%	-2.97	2.40	2.62	3.69	5.93	5.94
净资产收益率 /%	-3.33	1.28	2.36	3.78	5.63	5.78
总资产收益率（加权）/%	-0.83	1.18	1.70	2.38	3.20	3.22
毛利率 /%	31.34	33.49	32.10	28.64	27.93	25.86
净利率 /%	-3.48	4.83	5.14	5.90	6.65	6.33

资料来源：根据 A 公司年报整理得到。

4.5.2 公司人力资源情况介绍

截至 2020 年，A 公司员工总数为 41593 人，具体情况如表 4-2 所示。

表 4-2 A 公司员工具体数量情况

类别	人数
母公司在职员工的数量	430
主要子公司在职员工的数量	24850

续表

类别	人数
在职员工数量合计	41593
当期领取薪酬的员工总人数	41593
母公司及主要子公司需承担费用的离退休职工人数	0
员工总数	41593

资料来源：根据 A 公司社会责任报告整理得到。

通过图 4–1 可以看出，A 公司 30 岁及以下的员工占职工总人数的 17%，31~40 岁的员工占比最高，为 37%，其次为 41~50 岁的员工，占职工总人数的 27%，而 50 岁以上的员工相对较少，总共占职工总人数的 19%。分析可得，A 公司各年龄段的职工都有任职，其中 56 岁及以上的员工占比很小，仅为 7%。但通过深入研究发现，A 公司的高管集中在 50 岁左右，绝大多数超过 50 岁，归根究底是因为 A 公司作为老牌央企，其队伍较难实现年轻化。但从目前的市场来看，新能源在慢慢崛起，A 公司想要长远健康地发展下去，就必须不断地挖掘新生力量，大力创新改革。

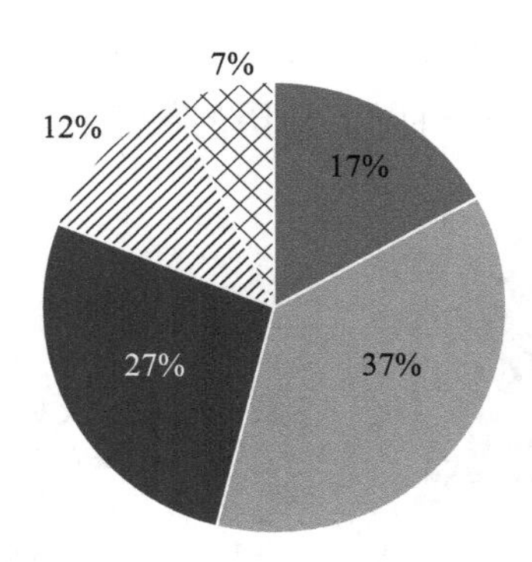

图 4–1　A 公司职工年龄构成

资料来源：根据 A 公司社会责任报告整理得到。

从图 4–2 A 公司员工的专业构成来看，生产人员为主要组成部分，占比高达60%，其次为技术人员，占比为22%，行政人员和其他人员占比分别为8%、6%，而销售人员和财务人员占比都仅为2%。从整体专业构成的角度来看，生产人员为员工的主力军是符合A公司作为大型煤炭企业的特点的。但从整个企业未来发展的角度来看，财务人员和销售人员过少不利于企业拓宽未来的发展道路，也会影响企业会计信息质量。

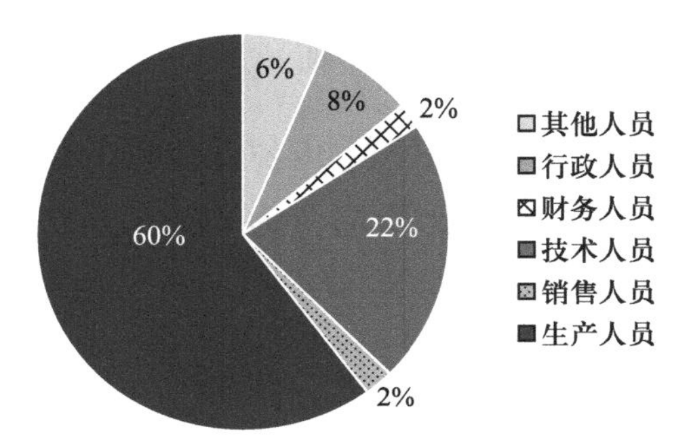

图 4–2　A公司职工专业构成

资料来源：根据A公司社会责任报告整理得到。

由图4–3可知，A公司员工的学历高低不一。本科和研究生及以上学历的员工占比为33%，专科学历的员工占比为29%，大专以下的员工占比则为38%。整体来看，学历分布较为均衡，但就现阶段我国人才市场的情况而言，本科以上学历的员工仍旧较少。

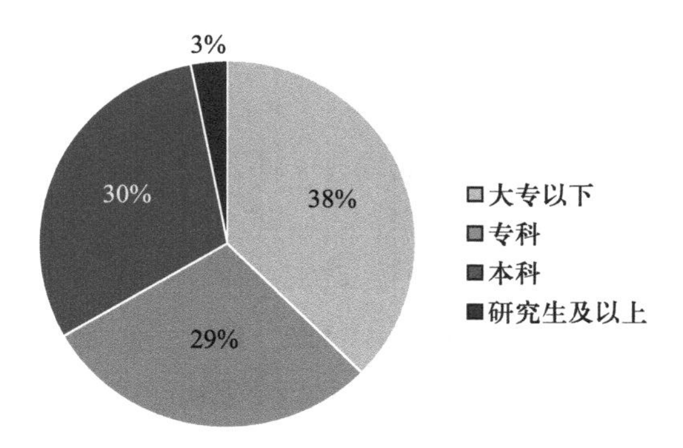

图 4–3　A公司职工学历结构

资料来源：根据A公司社会责任报告整理得到。

4.5.3　A 公司社会责任会计信息披露现状

本节通过纵向对比 A 公司 2008 年至 2020 年的社会责任报告，分析 A 公司社会责任会计信息的披露环境、披露形式和披露内容。

4.5.3.1　A 公司社会责任会计信息披露环境

（1）自愿性披露。目前我国企业社会责任报告披露处于强制性披露和自愿性披露并存的阶段，对于个别特定类型的企业强制要求披露社会责任报告，对于其他企业采取鼓励披露的原则。目前 A 公司并不属于强制性披露行列。而且，目前 A 公司的管理层考虑到财务信息的披露会导致短期成本增加，因而不愿意全面披露社会责任会计信息。

（2）缺乏社会责任会计相关法律法规的制约。我国社会责任会计起步较晚，目前仍处于初级研究阶段，国内也尚未形成统一有效的社会责任会计法律法规及相关准则。目前除了全球公认的 G3 标准外，尚未形成适合我国国情的煤炭行业的企业社会责任会计信息披露标准，这就使得 A 公司的社会责任会计信息披露存在不系统、不全面的问题。

（3）煤炭行业的具体法律法规不完善。随着全社会环境保护意识的提高，有关部门也开始推出诸多法律法规，要求节约资源，加强环境保护，但是关于具体细节方面的法律法规仍处于空白状态。尤其对煤炭行业而言，多数法律法规都是关于安全生产的，关于资源环境方面的具体法律法规很不完善。这就造成 A 公司虽然有披露资源环境保护方面的情况，但是对于法律法规没有强制披露的、具体细节没有要求的就选择不披露了。

4.5.3.2　A 公司社会责任会计信息披露形式

A 公司从 2008 年开始发布社会责任报告，至 2020 年已自愿披露 13 份社会责任报告，具有一定的信息披露的连续性，但这 13 份社会责任报告从名称到内容均无太大变化，名称均为《A 公司 × 年社会责任报告》，主要参照 GRI《可持续发展报告指南》编制，报告篇幅年与年之间差距也很大，2018 年报告的篇幅在 72 页，2020 年报告的篇幅仅为 40 页。报告内容主要包括经济责任、创新责任、安全责任、员工责任、环境责任和社区责任，每年内容基本变化不大。而且这 13 年的社会责任报告只有 2012 年经过了普华永道这种第三方机构的检验，其余年份都没有聘请第三方权威机构审计（见表 4–3）。

表 4–3　A 公司 2008—2020 年社会责任报告基本情况对比

报告年份	报告名称	报告篇幅	是否经第三方机构审验
2008	《A 公司 2008 年社会责任报告》	40 页	否
2009	《A 公司 2009 年社会责任报告》	44 页	否
2010	《A 公司 2010 年社会责任报告》	51 页	否
2011	《A 公司 2011 年社会责任报告》	48 页	否
2012	《A 公司 2012 年社会责任报告》	61 页	是 / 普华永道
2013	《A 公司 2013 年社会责任报告》	54 页	否
2014	《A 公司 2014 年社会责任报告》	61 页	否
2015	《A 公司 2015 年社会责任报告》	53 页	否
2016	《A 公司 2016 年社会责任报告》	53 页	否
2017	《A 公司 2017 年社会责任报告》	53 页	否
2018	《A 公司 2018 年社会责任报告》	72 页	否
2019	《A 公司 2019 年社会责任报告》	36 页	否
2020	《A 公司 2020 年社会责任报告》	40 页	否

资料来源：根据 A 公司社会责任报告整理得到。

4.5.3.3　A 公司社会责任会计信息披露内容

查阅 2008—2020 年 A 公司社会责任报告后发现，A 公司社会责任会计信息披露存在信息不连贯的问题。目前企业的社会责任报告主要包括股东和债权人权益保护、职工权益保护、安全生产、环境保护、社会公益五个方面的内容，下面将进行具体分析。

股东和债权人权益保护

A 公司在社会责任报告中并未对股东和债权人保护进行详细披露，随意性极强，在起初几年的报告中会采用大量文字进行披露，但内容大同小异，真实性有待商榷。2015 年之后，对于股东和债权人权益保护，仅在利益相关者表格中有短短一行字的描述。在这 13 年的社会责任报告中，仅有 2008 年的首份社会责任报告提到了股利分派政策：公司发行 H 股上市时，承诺按可供分配利润的 20%~30% 分红。但对于 2008 年度的现金股利分派也仅提出建议，并未明确披露。之后年份的社会责任报告对于现金股利分派丝毫未披露。具体情况如表 4–4 所示。

表 4–4 A 公司历年股东和债权人权益保护方面披露情况

报告年份	股东和债权人权益保护方面披露情况
2008	公司始终高度重视投资者关系管理工作，将维护投资者关系作为一项持续性战略管理行为。与投资者建立了广泛的关系，坚持稳定的股息分派政策
2009—2011	公司通过各种途径，共计开展各类会谈大于 390 场，会见人数超过 1600 人
2012—2013	仅披露沟通参与方式、实质性议题和回应
2014	公司共计开展各类投资者会议 156 场，有 768 人次参加
2015—2020	仅披露沟通参与方式、实质性议题和回应

资料来源：根据 A 公司社会责任报告整理得到。

职工权益保护

由表 4–5 可知，A 公司对职工权益保护情况的披露较为全面，篇幅基本保持在 3 页，定性与定量披露相结合，但还是文字为主、数据为辅。同时基本上每年都有新增披露，且具有一定的实用性。

表 4-5　A 公司职工权益保护方面披露情况

报告年份	职工权益保护方面披露情况
2008	涉及员工构成情况、员工雇佣、薪酬绩效、社会保险、休息休假、员工健康、职业培训。截至 2008 年 6 月 30 日，劳动合同签订率为 98%，提供富有竞争力的薪酬和周到人性化的福利，2008 年全年共组织约 5.7 万人次参加培训
2009	员工权益：员工劳动合同签约率达到 100%，工会建会率为 100%，在册员工入会率为 100%；员工健康：全年职业卫生投入 2956 万元，体检 9921 人，体检率为 85.3%；薪酬保障制度：截至 2009 年底，公司员工平均工资已经连续 3 年保持 10% 以上的增长；员工成长：培训领导人员 200 人次、专业人员 1200 余人、一线员工 70481 人次
2010	新增披露：①人才招聘情况：共招聘各类管理人员和专业技术人员 305 人，接收大中专毕业生 1454 人，接收复转军人 113 人；②累计发放津贴 2.85 亿元
2011	新增披露：部分企业实施企业年金计划，首批实施企业共 14 家，涉及员工 47402 人，资金量约 2.5 亿元
2012	新增披露：员工文体娱乐活动
2013	新增披露：员工流失率为 2%
2014	新增披露：①员工工作环境改善；②雇佣童工、强制劳动等情况 0 起
2015	新增披露：拖欠工资现象 0 起
2016	新增披露：员工发展考核制度
2017—2019	无变化
2020	新增披露：死亡人数 0 人

资料来源：根据 A 公司社会责任报告整理得到。

安全生产

如表 4-6 所示，A 公司每年都有定量披露安全生产内容，主要以安全生产投入、排查安全隐患问题数量和煤炭生产百万吨死亡率等基本数据为主，但纵向对比发现，部分数据缺乏连续性和可比性，并非每年都有披露。

表 4–6 A 公司安全生产方面披露情况

报告年份	安全生产方面披露情况
2010	煤炭生产百万吨死亡率 0.041%，安全生产投入 22.8 亿元
2011	原煤生产百万吨死亡率 0.008%，安全生产投入 22.8 亿元，完成安全改造工程 495 项，查出各类安全隐患和问题 486 条，隐患整改建议 490 条
2012	原煤生产百万吨死亡率 0%，一般安全事故 0 起，查出隐患和问题 86022 条，完成整改 85627 条，整改率 99.5%，安全事件罚款 873.4 万元，安全生产投入 26 亿元
2013	排查治理隐患 58161 条，安全生产投入 18.8 亿元，原煤生产百万吨死亡率 0%
2014	产品交付合格率 100%，安全生产投入 17.2 亿元，排查出安全隐患 35628 个，安全检查 3544 次，查找出安全问题 88 个，安全问题整改率 95.2%，重大安全事故 1 起，较大安全事故 1 起，原煤生产百万吨死亡率 0.013%
2015	排查出安全隐患 3.4 万个，安全生产投入 16.39 亿元
2016	产品与服务质量方面的在诉纠纷 0 起，安全检查 1440 次，排查出安全隐患 3.5 万条，安全隐患整改率 99.8%，安全生产投入 14.3 亿元
2017	排查安全隐患 10 万项，安全生产投入 15.96 亿元
2018	安全生产投入 13.75 亿元
2019	安全生产投入 15.64 亿元，一般安全事故 0 起
2020	因工死亡人数 0 人，安全生产投入 21.67 亿元

资料来源：根据 A 公司社会责任报告整理得到。

环境保护

从表 4–7 可知，A 公司在环境保护方面的信息披露日益完善，这与近些年来国家对于煤炭行业环保工作的高重视、高要求密不可分，也与A公司把环保工作作为企业重点工作的举措分不开。A公司对于环保信息的披露，基本保持在3页的篇幅，所披露的环境考核指标包括化学需氧量、二氧化硫排放量、矿井水利用率、煤矸石利用率、矿区土地复垦率以及环保资金投入等。

表4–7 A公司环境保护方面披露情况

报告年份	环境保护方面披露情况
2008	万元产值综合能耗同比下降23.4%，二氧化硫排放同比下降12.0%，化学需氧量排放同比下降31.5%，矿井水利用率65.7%，煤矸石利用率92.5%，井工矿采区回采率平均超过80.85%，露天矿资源回收率平均超过96.26%，环保投入4.6亿元，新增复垦绿化面积300公顷，复垦率达到41%，节能减排资金投入14.6亿元
2009	万元产值综合能耗同比下降5.7%，二氧化硫排放同比下降11.1%，化学需氧量排放同比下降2.2%，原煤生产能耗3.56千克标煤/吨，矿井水利用率76.3%，煤矸石利用率95.9%
2010	井工矿采区回采率80.7%，露天矿资源回收率95.6%，节能减排资金投入12.7亿元，矿井水利用率78.7%，煤矸石利用率95.1%
2011	矿井水利用率79.7%，煤矸石综合利用率97.1%，矿区土地复垦率50%，排土场植被覆盖率90%，节能减排资金投入10.2亿元
2012	环保投入8.96亿元，煤矸石综合利用率97.7%，矿井水利用率75.6%，采区回采率87.6%
2013	煤矿采区回采率88.8%，煤矸石利用率96.3%，矿井水利用率82.4%
2014	电话会议93次，煤矿采区回采率88.9%，煤矸石利用率98.8%，矿井水利用率84.4%，环保投入5亿元
2015	环保投入10531万元，井工矿采区回采率80%，煤矿采区回采率89.1%，煤矸石利用率98.8%，矿井水利用率75.4%
2016	矿井水综合利用率79.6%，煤矸石综合利用率84.9%，排土场植被覆盖率90%，煤矿采区回采率91.5%
2017	煤矸石综合利用率88.9%，矿井水综合利用率61.2%，煤矿采区回采率91.5%，煤炭资源回收率93%
2018	较大及以上突发环境事件0起，矿区资源回收率93%，煤矸石综合利用率84.6%，粉煤灰、炉渣、化工废渣综合利用率53.7%，矿井水综合利用率79.7%，煤矿采区回采率90.9%

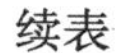
续表

报告年份	环境保护方面披露情况
2019	煤矿采区回采率 90.6%，煤矸石利用率 89.2%，矿井水利用率 89.8%，综合年节能 1.5 万吨标煤
2020	煤矿采区回采率 89.4%，煤矸石利用率 89.4%，矿井水利用率 93.3%，煤矸石综合利用量 2182 万吨，矿井水综合利用量 3978 万吨，粉煤灰、炉渣、化工废渣等其他无害废弃物综合利用量 177 万吨

资料来源：根据 A 公司社会责任报告整理得到。

社会公益

A 公司历年社会责任报告中对于公共关系和社会公益方面的社会责任信息一直都有涉及，且都以定量数据进行了披露。从图 4–4 可以看出，A 公司的社会捐赠额整体呈现波动态势，这也与当时的国家政策和市场形势有较大关系。社会捐赠额从 2009 年开始进行披露，当年社会捐赠额为 684 万元，2010 年上升至 1651 万元，较之前一年已经翻番，之后 2011 年和 2012 年略有回落，但依然处于较高水平，然而在 2014—2017 年社会捐赠额却突然跌至谷底，2015 年的社会捐赠额仅为 127.3 万元，而 2018 年的社会捐赠额开始大幅回升至 1680 万元，2020 年的社会捐赠额为考察期间的最高值，达到 1890 万元。从图 4–5 来看，每股社会贡献值整体呈先增后减再增加的态势，2015 年的每股社会贡献值为最低值 1.34 元，而 2019 年的每股社会贡献值最高，为 2.70 元。虽然 A 公司每年都对社会捐赠额和每股社会贡献值进行了披露，但是报告中只是披露了企业的社会捐赠额和每股社会贡献值的数字，对于每股社会贡献值的计算公式以及公式内对应的所有相关数据都未进行任何披露和说明，这也让人对计算结果的真实性产生一定的怀疑。

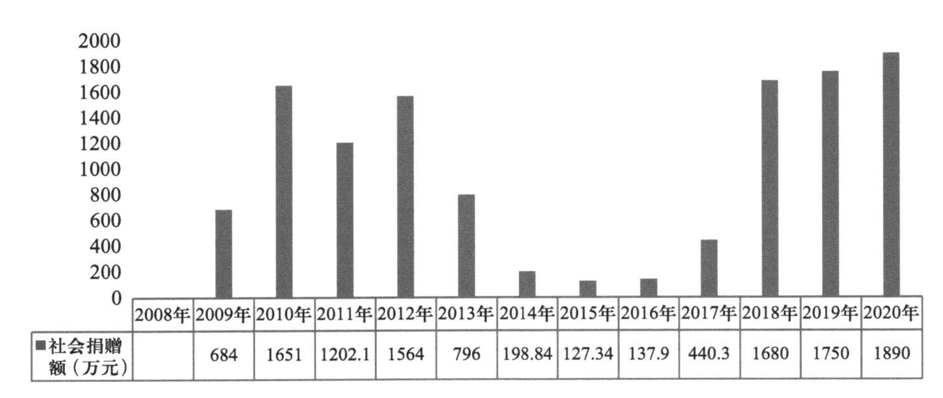

	2008年	2009年	2010年	2011年	2012年	2013年	2014年	2015年	2016年	2017年	2018年	2019年	2020年
■社会捐赠额（万元）		684	1651	1202.1	1564	796	198.84	127.34	137.9	440.3	1680	1750	1890

图 4-4　社会捐赠额

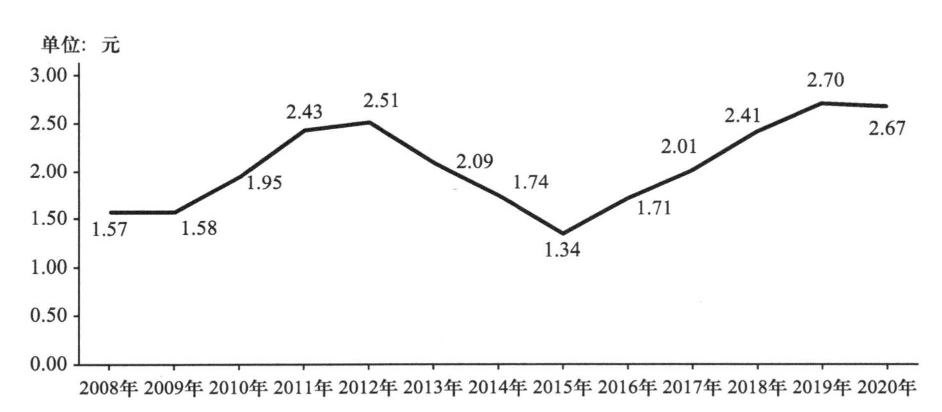

图 4-5　每股社会贡献值

4.6　A 公司社会责任会计信息披露问题分析

4.6.1　披露信息可比性较差

从 A 公司 2008—2020 年的社会责任信息来看，企业社会责任信息披露具有不连贯性。所披露出来的信息在不同年份的可比性较弱。例如：员工流失率仅在 2013 年进行了披露；排查安全隐患数量、安全问题整改率等数据在2008—2010年每年都有详尽披露，但在2018年后就未曾披露过；矿区回采率这一数据仅在2009年和2011年这两年未进行披露。这种跳跃式的信息披露难免会让人怀疑企业是否在选择性披露信息，使得企业社会责任信息的可信度降低。同时，每年新增和减少披露内容也使得社会责任会计信息没有连贯地、完整地披露，造成了信息难以纵向地进行比较。所以，企业应该建立较为完整的会计披露指标，使每年的数据连续完整，从而可以进行纵向对比。

4.6.2　定量信息披露较少

通过对A公司披露的社会责任信息的有关情况进行调查，发现近些年该企业所发布的社会责任报告中主要以大量文字性描述和图片为主，定量信息较少。例如，在股东和债权人权益保护方面，仅有“公司与利益相关方建立了良好的沟通机制，以热线电话、电邮及传真等途径，解答和倾听投资者的疑问与意见，提高公司运营透明度”短短一句话，对于各途径解答问题的有效次数、组织投资者会谈次数、参会人次等数据皆未进行披露。在职工权益保护方面，对于人才招聘，报告中仅提到“加大竞争性选拔人才力度，积极推进人才市场化选聘和竞争上岗。2020年A公司开展了公开招聘工作，取得了很好的效果”，但对招聘现场人数、招聘结果等具体数据都未进行详细披露。在对2020年社会责任报告进行统计研究后发现，报告中类似“取得积极成效”的短语出现6次，“提高某某意识”出现8次，“提高某某效率”等出现34次，而定量信息却相对稀缺，占比在11%左右，这就使得信息搜索者无法从报告中获得有效信息。

4.6.3　负面信息披露较少

煤炭行业是我国安全生产事故频发的行业，并且几乎都是重大安全事故。A 公司作为我国大型煤炭企业之一，也曾在安全防护措施欠缺的情况下发生过安全事故。然而在研究过程中发现，A 公司诸如矿山灾害和污染问题的负面消息并未反映在所发布的报告中，报告大篇幅着墨于积极参与慈善、环境保护和资源节约等积极信息。这种“报喜不报忧”的做法极大地降低了企业社会责任信息的可信度。

4.6.4　社会责任会计信息披露缺乏第三方审验监督

A 公司每年的确有在积极披露社会责任信息，这对于公司而言也是一件好事，但分析发现，A 公司的社会责任会计信息披露存在“假大空”问题。经过调查分析发现，除 2012 年 A 公司披露的社会责任会计信息得到了普华永道中天会计师事务所有限公司的审验并发布独立的审计报告外，其余年份的社会责任会计信息均未得到任何独立第三方的核实，并且也缺乏公正合理的核查标准来证明 A 公司不存在粉饰披露的自利动机。

对 A 公司 2012 年社会责任报告和普华永道发布的独立鉴定报告进行深入对比发现，普华永道仅对 2012 年社会责任报告中选定的年度关键绩效指标进行了鉴定，指标包括安全生产费、原煤生产百万吨死亡率、矿井水利用率、二氧化硫排放、化学需氧量（COD）排放、采区回采率，且开展的是有限保证的鉴定业务，最终以消极方式给出了结论，即“基于我们实施的有限保证鉴证工作，我们没有注意到任何事项使我们相信选定的 2012 年度关键绩效指标的编制，在所有重大方面未能符合列示于报告中的编报基础”，信息的可信度仍然较低。

社会责任会计信息缺乏独立的外部检查和监控，将不可避免地导致 A 公司的信息被粉饰，也使得其所披露信息的可信度大大降低。

4.7　完善 A 公司社会责任会计信息披露的建议

4.7.1　控制社会责任报告的篇幅

为了使信息的使用者有耐心地充分阅读社会责任报告，并真正发挥社会责任报告的作用，有必要控制社会责任报告的篇幅。当然，企业的利益相关者肯定希望企业尽可能多地披露与其利益相关的社会责任信息，希望报告包罗万象，这样就会让所有参与其中的人满意。然而，报告篇幅过长并不是一件好事，太过冗杂的报告很容易使得读者无法获得真正有效的信息，利益相关者的信息需求也无法得到满足。因此，简洁明了的报告可以使读者一目了然，让读者很容易获得有效信息，也能够真正发挥社会责任报告的作用。

4.7.2　客观披露社会责任信息

对于任何一个企业来说，肯定都存在做得好的地方和值得改进的方面，就像古语所说“人无完人”，企业也和人一样，也是在不断地纠正自己的错误，在运营过程中积累经验，改进自身，慢慢进步和发展的。即使是一些历史悠久的特别成熟的跨国公司，在环境保护、安全生产、人力资源开发等方面也会不可避免地出现一些令人不满意的地方。在这种情况下，真正成熟的公司敢于为自己的缺点或错误承担责任，而不是刻意回避它们，并在社会责任报告中披露有关自身的负面信息。因此，企业社会责任报告应当客观、公正地披露所有相关信息，而不是选择性地披露信息，只有这样才是一份完整而可信的企业社会责任报告。另外，企业主动承认自己的不足也会让信息收集者更加信任企业，并且也能了解企业为解决问题和自我完善而采取的态度和行动。从这个角度看，企业也应客观公正地披露相关信息，甚至加强对所谓负面内容的报告，直面自己的缺点，均衡报告内容。

4.7.3 创新社会责任信息披露模式

A公司的社会责任报告中大多是描述性文字，表格较少且单一。因此，在社会责任会计信息披露模式上可以保持不断创新，不要在企业社会责任报告中使用单一表格，而是要使表格多样化。企业履行社会责任的相关信息，很大一部分是描述性的信息，只能依靠文字来表达。但是，文字的表达也应该逻辑通顺，描述完整而精练，不能连篇累牍。为了增加文字的易读性和可理解性，可以增加适当的图片说明，避免使用一些过于专业的术语，也可以对一些必须使用的专业术语等做出解释。虽然报告以文字信息为主，但是定量的数据信息是报告使用者更加关注的内容。对于数据来源、计算方法要适当地加以说明，提供的数据也要具有时效性和地域完整性。要在规定的报告期内披露范围合理的数据，并对一些应该进行纵向时间比较和横向行业比较的数据进行比较，提供一些百分比、增加值、减少值等数据信息，这样可以更清晰地披露出企业的相关信息，提升报告的使用价值。对于一些能够通过图表清晰表达的信息应该运用图表等形式进行披露，例如直观反映横轴关系的柱状图、反映变化趋势的曲线或折线图、反映各坐标点分散特点的散点图、反映各部分占整体比例的饼状图等，这些图形能够让阅读者对信息有更加直观和形象的认识。一些适合用表格形式披露的信息如财务数据等，也可以做成表格的形式插入，并对比不同时间、范围等的变化，便于使用者阅读。

4.7.4 完善社会责任报告信息反馈机制

编制企业社会责任报告的最基本目的是为利益相关者提供决策的

有效依据。但是目前只有企业向利益相关者提供自己的社会责任报告，而利益相关者只是被动地接受它，因此没有交互作用，也没有反馈。只有利益相关者参与的企业社会责任报告才能成为利益相关者真正需要的报告，这也是避免报告形式化的重要手段。因此，有效的信息反馈机制也是企业社会责任报告成功的要素之一。目前来看，我国大多数煤炭企业的社会责任报告仅在报告的最后部分附有信息反馈表，而有些企业根本没有相关的信息反馈途径。因此，从现阶段来看，完善社会责任报告信息反馈机制也是十分重要的。除了在报告末尾包含信息反馈表之外，企业还应在醒目的位置标注企业的地址、电话号码、官方网站、电子邮件地址和其他信息，以便利益相关者能够真正参与其中，而且不能仅仅局限于事后反馈，更重要的是，让利益相关者可以监督企业的社会责任措施。

4.7.5　统一社会责任报告的标准架构

A 公司的社会责任报告存在着不够系统、不够全面的问题，这也与我国尚未出台煤炭行业企业社会责任报告规范标准密切相关，企业都是自愿选用相关标准。当前，世界各地的许多组织发布了许多企业社会责任报告标准，这不仅包括全球公认的 G3 标准，也包括不同国家根据自己的国情和社会责任发展状况制定的国家标准，还包括一些企业社会责任报告的指南，这些指南是由各个行业机构或协会根据行业社会责任的特征，甚至根据公司中已建立的社会责任报告的标准而制定的。所以，不同企业的社会责任报告选用的标准不同，企业社会责任报告的质量也会有所不同，不具有可比性。因此，我国煤炭行业有必要向金融体系学习，建立一套行业标准体系，例如强制披露方面和自愿披露方面分开列出，展现企业在社会责任报告披露方面付出的努力，也方便进行行业内企业之间的横向对比。

4.7.6 开展社会责任报告第三方审验

近年来，A 公司的社会责任报告都未经第三方审验，这也是整个煤炭行业绝大多数企业的共同问题。然而，未经第三方验证的社会责任报告，其真实性和可靠性有待考量。当前，没有相关法律法规要求公司必须出具社会责任报告，也没有相关法律法规要求公司出具经第三方审验的社会责任报告。因此，在这种情况下，煤炭行业中大多数企业的社会责任报告都未经审查。这些未经审核的社会责任报告使企业有机会对其进行夸大，对不好的部分进行隐瞒，这也导致企业社会责任报告的真实性、可靠性和完整性有待考察。独立第三方审验的目的是确保报告内容的公平性和可靠性，提高信息的真实性，并保证报告符合重要性、平衡性和完整性的要求。而且从另一方面来说，为了赢得公众的信任，企业可以在披露社会责任信息后，主动要求对其社会责任信息进行审查。换句话说，企业社会责任报告评审是促进企业社会责任报告发展的重要途径，也是煤炭行业企业社会责任报告工作健康开展的方式。因此，为有效加强对煤炭行业企业社会责任活动的监督，并确保煤炭行业企业社会责任信息披露的真实性和公正性，应结合我国市场经济和煤炭行业的特征制定一套适合我国煤炭行业的企业社会责任报告披露审计制度。

4.8 本章结论

作为社会发展所必需的能源供应者，煤炭行业在国民经济中发挥着重要作用。然而，煤炭企业由于其行业的特殊性和生产的独特性，经常发生安全生产事故、环境污染和资源浪费等问题。因此，煤炭企业的社会责任承担对于社会的可持续发展非常重要。A 公司作为煤炭行业中的领先企业之一，其社会责任报告具有非常大的代表性，可以反映整个行业的社会责任履行情况。

本章研究发现，我国对煤炭行业企业社会责任的关注度一直不高，也没有成熟的法律法规对其进行约束。而且由于投资的限制和理论研究水平的局限，我国目前也没有一个完整而成熟的公开社会责任信息、专业经验的系统。

第二部分　环境信息披露动机

第五章

环境信息披露的影响因素

5.1　环境可持续发展的要求

在过去几十年里，全球面临着严峻的环境挑战，如气候变化、生物多样性丧失、水资源短缺和大气污染等。这些环境问题对人类社会和经济发展造成了巨大的威胁。为了应对这些挑战，可持续发展成为一个全球共识和目标。可持续发展要求在经济、社会和环境三个维度上实现平衡，以确保当前和未来世代的需求得到满足。在这一背景下，环境信息披露被视为实现可持续发展的重要工具之一。

环境信息披露的要求主要源于企业社会责任的兴起。在过去几十年里，企业社会责任理念逐渐深入人心。社会对企业在环境保护方面承担更多责任的呼声越来越高，企业逐渐认识到环境信息披露对于建立良好的企业形象和声誉的重要性。与此同时，利益相关者，包括消费者、投资者、政府、非政府组织和社会大众，对企业的环境绩效和可持续性越来越关注。他们要求企业向他们提供准确、透明的环境信息，以评估企业的可持续性和对环境的影响。

随着可持续投资和环境、社会和治理（ESG）指标的兴起，越来越多的投资者开始将环境因素纳入投资决策的考量范围。投资者意识到环境问题可能对企业的财务表现和长期可持续性产生重大影响，因此需要获得相关的环境信息。随着环境法规和规范的不断完善和强化，企业需要遵守越来越多的环境规定。环境信息披露成为企业履行合规要求、管理环境风险和保护环境的一种重要方式。

因此，环境信息披露主要源于对可持续发展的追求、利益相关者的要求、投资者的关注以及环境法规和规范的发展。通过深入研究环境信息披露的动机，可以更好地理解企业披露环境信息的原因和效果，进而促进可持续发展的实现。

5.2　环境信息披露的目的

环境信息披露的目的是提供有关企业环境表现和环境影响的信息，以满足不同利益相关者的需求，并促进可持续发展。

环境信息披露可以提高企业环境绩效和环境影响的透明度。通过披露排放情况、资源利用和废物管理等环境信息，企业向利益相关者展示其环境责任和承诺，增加企业的透明度。同时，环境信息披露为利益相关者提供了决策所需的信息。投资者可以利用环境信息评估企业的可持续性和风险管理能力，从而做出投资决策。政府和监管机构可以利用环境信息进行环境监管和政策制定。消费者可以根据环境信息选择环境友好的产品和服务。

另外，环境信息披露是可持续发展的重要组成部分。通过披露环境绩效和环境目标的实现情况，企业可以向利益相关者展示其在可持续发展方面的努力和成就。环境信息披露有助于推动企业朝着可持续性的目标迈进，促进环境保护和资源有效利用。因此，环境信息披露有助于企业建立信任和良好的声誉。通过透明地披露环境信息，企业向利益相关者展示其积极回应环境挑战的态度和行动，增加利益相关者对企业的信任和认可。通过遵守法律规定的信息披露要求，企业可以确保其在环境保护方面的合规性，避免法律风险和罚款等不利后果。

总的来说，环境信息披露的目的是增加企业的透明度，提供决策支持，推动可持续发展，建立信任和声誉，以及确保法律遵从和合规性。这有助于实现企业与利益相关者之间的良好沟通和合作，促进可持续的经济、社会和环境发展。

5.3　环境信息披露的意义

环境信息披露对企业、社会和环境都有积极的影响，能够促进可持续发展。通过披露环境绩效、目标和行动，企业可以吸引投资者、消费者和其他利益相关者的支持，推动资源的有效利用、环境保护和社会责任的履行，促进经济、社会和环境的可持续发展。环境信息披露还可以提升企业的声誉和信任度。透明披露企业的环境表现和努力，可以增加利益相关者对企业的信任，树立企业良好的形象和声誉。这有助于吸引投资者、消费者和员工的支持，并为企业长期发展提供稳定的基础。

环境信息披露可以增强企业的治理和责任意识。通过披露环境信息，企业能更好地建立健全环境管理体系和内部控制机制，以确保环境绩效的监测、评估和改进。这有助于企业全面管理环境风险，提高企业的竞争力和可持续性。

环境信息披露对推动行业和社会的变革具有重要作用。通过披露环境信息，企业可以倡导行业的环境标准和最佳实践，推动行业向更加可持续的方向发展。同时，环境信息披露也可以引起社会对环境问题的关注，推动公众意识的提高和行动的改变，为构建更加环境友好的社会做出贡献。

综上所述，环境信息披露对于企业、社会和环境都具有重要的意义。它有助于实现可持续发展，提升企业声誉和信任度，强化企业治理和责任，支持决策和风险管理，以及推动行业和社会的变革。环境信息披露是促进可持续发展的重要工具之一，为构建更加可持续的未来提供了基础和方向。

5.4　环境信息披露所面临的挑战

环境信息披露在现阶段还存在着很多问题，面临着很多不确定因素和挑战。

首先，环境信息披露的有效性依赖于准确和完整的数据，然而，获取和验证环境数据可能存在困难。企业可能面临数据收集和监测的挑战，特别是对于复杂的供应链和多地点运营的企业而言。此外，数据的准确性和可比性也是一个问题，因为不同企业可能使用不同的指标和方法来衡量和报告环境绩效。

其次，全球各地对于环境信息披露没有统一的标准和指导，导致企业在披露方面存在差异。不同的框架和指南，如 GRI、CDP、SASB 等，提供了不同的要求和报告格式，给企业带来了困扰。随着环境信息披露的增加，利益相关者可能面临信息过载的问题，大量的信息披露可能使得关键信息被忽视。而且不同的利益相关者对环境信息的需求和关注点可能存在差异，这会导致环境信息的有效传达和理解受到影响。例如，投资者可能更关注环境风险和机会，而消费者可能更关注产品的环境影响。企业需要平衡不同利益相关者的需求，并根据其特定需求进行信息披露。

最后，环境信息披露的质量和可验证性也是一个关键问题。一些企业可能倾向于进行表面上的环境信息披露，而缺乏实质性的数据支持和内部控制，这会导致所披露信息的可靠性和可信度受到质疑。环境信息披露还受到法律和监管要求的影响，但这些要求可能存在不确定性和变化，企业难以适应和遵守。此外，不同国家和地区的法律和监管要求也可能存在差异，从而增加了企业在全球范围内披露的复杂性。

面对这些困境，企业需要积极应对，加强数据收集和监测能力，采用可持续的数据管理方法，推动标准化和规范化的环境信息披露，关注关键信息的传达和可理解性，加强内部控制和数据验证机制，并与利益相关者进行积极的沟通和合作，以提高环境信息披露的效果和可信度。

5.5 环境信息披露问题的原因

根据前文的分析可知，现有的环境信息披露数量和质量不尽如人意，其中的原因是多方面的。

第一，我国缺乏统一的标准和指南。目前，我国缺乏一套统一的环境信息披露标准和指南，导致企业在披露环境信息时存在不一致性。缺乏统一的标准使得环境信息披露的质量难以衡量和比较，也增加了披露内容的不确定性。

第二，不完善的监管和执法机制无法对企业形成强有力的约束。监管和执法机制对于确保环境信息披露的质量和数量至关重要。然而，环境信息披露的监管和执法方面存在不足，监管机构的能力有限，对违规行为的处罚不力，这减弱了企业主动进行环境信息披露的动力。

第三，对于环境信息披露，企业普遍缺乏内外部激励机制。环境信息披露需要企业投入一定的成本和资源。内部激励机制包括企业内部的管理制度和绩效评估体系，如果企业没有将环境信息披露与绩效考核和激励机制相结合，会导致披露不积极。外部激励机制则包括投资者和其他利益相关者对环境信息披露的需求和奖励机制，如果这些机制不充分，企业可能没有足够的动力进行披露。

第四，很多企业缺乏透明度和核实机制。企业可能提供虚假或不完整的环境信息，或者缺乏有效的核实和审计机制来验证披露的准确性和可靠性。这使得投资者和其他利益相关者对披露内容的真实性和可信度产生怀疑。

第五，环境信息披露的质量和数量也受到文化和意识问题的影响。在一些地区，环境保护和可持续发展的意识还不够普及，缺乏对环境信息披露的重视。如果企业没有将环境保护纳入其文化和价值观，在环境信息披露上就会缺乏主动性。

5.6　改进措施

为了更好地披露环境信息，需要从披露动机的角度着手提出改进措施。企业应该与投资者、消费者、政府机构、非政府组织和员工等利益相关者进行对话和沟通，深入了解各类利益相关者对环境信息的需求和关注点，以确定信息披露的重点和内容。企业还应该将透明度和责任感作为披露环境信息的核心动机。透明度意味着主动公开和披露环境信息，以展示企业在环境保护和可持续发展方面的努力。责任感则是企业对环境责任和可持续性的承诺，体现在行动和披露中。

环境信息披露可以成为企业发现商业机会和创造价值的平台。通过披露环境创新、节能减排和资源有效利用等方面的努力和成果，企业可以吸引投资者、消费者和合作伙伴的关注和支持，推动可持续经营和增强竞争力。披露环境信息还可以帮助企业识别和管理环境风险，确保业务连续性。企业可以披露其对环境风险的评估、应对措施和应急计划，以展示其在风险管理方面的能力和承诺。

为了提高环境信息披露的质量和可比性，企业可以采用标准化的框架和指南，如全球报告倡议（GRI）和国际综合报告框架

（Integrated Reporting）等。这些框架提供了一套统一的原则和指导，帮助企业确定披露的范围、内容和格式，从而提高披露的一致性和可比性。企业还需要建立健全内部数据管理和控制机制，确保披露的数据准确、可靠和可验证。这包括建立有效的数据收集和监测系统，加强内部审计和验证程序，确保数据的完整性和可信度。同时，企业应积极与利益相关者进行沟通和合作，建立信任关系，了解他们的期望和需求，并共同制定披露的目标和计划。通过定期的对话、研讨会和利益相关者参与活动，企业可以更好地理解利益相关者的关注点，进行有针对性的环境信息披露。

通过深入了解利益相关者需求、提升透明度和责任感、挖掘商业机会和价值、强调风险管理和业务连续性、采用标准化框架、强化内部数据管理和控制，以及与利益相关者积极沟通和合作，企业可以更好地披露环境信息，并实现可持续发展和共赢的目标。

5.7 影响环境信息披露的内外因素

5.7.1 文献综述

5.7.1.1 国外文献综述

Healy 和 Palepu（2001）发现了信息不对称、公司披露和资本市场之间的关系，并提供了关于信息披露的影响因素的综合框架。尽管该研究主要关注公司的财务信息披露，但其中的一些观点和框架可以扩展到环境信息披露领域。Clarkson 等（2008）研究了环境绩效与环境披露之间的关系，并探讨了影响环境披露的因素。研究发现，公司的环境绩效、业务特征、公司治理结构、利益相关者压力以及法律和监管环境等因素都对环境披露水平产生影响。Freedman 和 Jaggi（2005）

研究了全球变暖和企业对《京都议定书》的承诺对污染行业全球公众公司的会计披露的影响，发现国家政策、国际承诺和行业影响等因素对公司环境信息披露的程度产生重要影响。Stubbs 和 Cocklin（2008）探讨了可持续发展商业模式的概念，并分析了企业文化、战略导向、利益相关者需求等因素对可持续发展商业模式的形成和环境信息披露的影响。Pan 和 Yao（2021）考察了国家层面的环境监管和执法对环境披露实践的影响。研究发现，环境法规的严格程度、执法效力以及政府的监管和追踪能力等因素都与公司的环境信息披露水平相关。

这些国外的文献提供了关于环境信息披露影响因素的深入洞见，这些影响因素涵盖了法律法规、利益相关者需求、企业文化以及监管和执法等方面。

5.7.1.2　国内文献综述

陈建国等（2018）通过对中国上市公司的数据进行分析，探讨了企业环境信息披露的影响因素。研究发现，企业规模、行业类型、盈利能力、资本结构和环境监管等因素对环境信息披露存在显著影响。董骞和肖金红（2018）基于中国上市公司的样本，研究了影响上市公司环境信息披露的因素。研究结果表明，政府监管、企业规模、盈利能力、公司治理和股权结构等因素对环境信息披露具有重要影响。张小梅和彭淑娟（2019）采用中国上市公司的样本数据，探讨了影响环境信息披露的因素，发现企业规模、公司治理、环境风险和环境投资等因素对环境信息披露有显著影响。刘新军和周剑秋（2018）使用中国上市公司的数据，分析了影响环境信息披露的因素，发现企业规模、公司治理、行业类型和环境监管等因素对环境信息披露具有显著影响。

以上研究文献提供了对中国环境信息披露影响因素的一些认识。它们探讨了企业规模、盈利能力、资本结构、行业类型、公司治理、环境监管和环境风险等因素对环境信息披露的影响。

5.7.2 影响因素

结合相关文献，可以从内外两方面对环境信息披露的影响因素进行分析。

5.7.2.1 外部因素

环境信息披露的数量和质量受到企业外部社会环境的影响。

（1）法律法规。环境法律和法规对企业的环境信息披露具有重要的指导和规范作用。政府制定的环境法律法规要求企业披露特定的环境信息，例如排放数据、环境影响评估报告等。这些法律法规的要求迫使企业进行环境信息披露，并确保其在环境保护方面遵守法律要求。

（2）利益相关者。利益相关者包括消费者、投资者、政府、非政府组织和社会大众等，他们对企业的环境表现和可持续性有着不同的期望和要求。利益相关者的需求和压力推动企业主动披露环境信息，以满足社会和市场的期望，保持良好的企业形象和声誉。

（3）投资者。越来越多的投资者将环境、社会和治理（ESG）因素纳入投资决策的考量范围。投资者要求企业提供准确、可比较和可衡量的环境信息，以评估企业的可持续性和风险管理能力。投资者对环境信息的需求推动企业披露更全面和透明的环境信息。

（4）消费者。在竞争激烈的市场环境中，企业的环境表现和信息披露可以直接影响其品牌形象和市场地位。消费者越来越关注企业的环境责任和可持续性，他们更倾向于选择那些环境友好的产品和服务。为了保持竞争力和顾客的信任，企业被激励披露其环境信息，展示其环境承诺和成就。

（5）行业标准和倡议。许多行业组织和非政府组织制定了环境信息披露的标准和指南，如全球报告倡议（GRI）和碳披露项目（CDP）等。这些标准和倡议提供了指导和框架，帮助企业披露环境信息，同时也提高了信息的可比性和可信度。

（6）社会舆论和公众关注。随着社会公众对环境问题的关注日益增加，环境表现不良和信息披露不足可能导致企业声誉受损。企业受到社会舆论和公众关注的压力会披露更多的环境信息，回应社会公众对环境保护的期待。

综上所述，法律法规、利益相关者需求、投资者要求、市场竞争和品牌形象、行业标准和倡议，以及社会舆论和公众关注等外部因素都对企业的环境信息披露具有重要影响。

5.7.2.2　内部因素

环境信息披露除了受到企业外部因素的影响之外，还受到企业内部因素的影响。这些因素对于企业环境信息披露的意愿、程度和质量具有重要作用。

（1）高层管理者的意识和承诺。高层管理者对环境信息披露的态度和承诺是影响企业披露行为的重要因素。如果高层管理者对环境问题认识深刻，并承诺将环境信息披露作为企业的战略目标之一，那么企业更有可能进行积极的环境信息披露。

（2）企业文化和价值观。企业的文化和价值观对环境信息披露具有重要影响。如果企业将环境保护和可持续发展视为核心价值并将其纳入企业文化中，那么企业更有可能主动披露环境信息，以展示其在环境责任方面的努力和成就。

（3）内部控制和管理体系。企业是否建立了健全的内部控制和管理体系，对环境信息披露具有重要影响。如果企业拥有完善的环境管理制度、监测和报告机制，并进行内部审计和风险管理，那么企业更有能力收集、处理和披露环境信息。

（4）绩效管理和激励机制。企业的绩效管理和激励机制对环境信息披露具有重要作用。如果环境绩效与员工绩效评估和奖励挂钩，那么员工更有动力参与环境信息披露和改进。此外，透明、公正的激励机制也能够鼓励员工积极参与环境信息披露。

（5）内部资源和能力。企业的内部资源和能力会对环境信息披露的质量和范围产生影响。如果企业拥有充足的人力、技术和财务资源，以及具备环境信息收集、分析和报告能力的团队，那么企业就能够更好地开展环境信息披露工作。

（6）风险管理和声誉风险意识。企业对环境风险的认识和管理会对环境信息披露产生影响。如果企业意识到环境问题可能对业务运营和声誉造成风险，那么企业更有动力进行环境信息披露，以增加透明度并改善风险管理。

综上所述，高层管理者的意识和承诺、企业文化和价值观、内部控制和管理体系、绩效管理和激励机制、内部资源和能力，以及风险管理和声誉风险意识等内部因素都会对企业的环境信息披露产生重要影响。

第六章

环境信息披露的动机

6.1 研究背景

长期以来，上市公司遵循“股东财富最大化”的逻辑，把经济目标放在首位，因此企业履行社会责任的表现之一是增加财务报表的透明度，从而提高财务信息质量。新近的研究（应里孟，2018）表明，由于内外部监管机制不健全，企业对环境信息披露的内容具有选择权，存在“报喜不报忧”和“避重就轻”的现象，且大多为定性描述，缺少定量说明，导致环境信息披露质量不高，投资者难以对企业披露的环境信息做出客观评价，进而无法进行有效决策。此外，只有极少数企业会披露未来的环境信息，而事实上投资者可能更关注未来信息的披露情况。基于信息不对称和委托代理理论的框架，管理层作为披露财务和环境信息的主体，其对社会责任的认知和态度决定着信息披露的程度。社会责任型企业通过披露环境信息来满足利益相关者的道德期望，这必将规范企业的财务信息披露行为，提高企业的盈余质量（Kim 等，2012；Lim 等，2013）。而自利型企业则出于投机目的披露环境信息，塑造企业的良好形象，转移公众对其盈余质量的关注，从而误导利益相关者对企业财务表现的认知（Choi 等，2013；

Prior 等，2008）。环境信息的披露程度不仅受到内部管理层动机的影响，还受到外部监管压力的影响（毕茜等，2012；姚圣和孙梦娇，2016）。尽管环境信息披露作为近年来会计学领域的一个研究热点，已经得到了越来越广泛的关注，但由于披露指标的不确定性及企业披露动机的可变性，目前关于环境信息披露的相关研究还远未形成统一的框架，有待更进一步发展。

6.2 文献综述

6.2.1 企业披露环境信息的内部动力机制研究现状

现有文献在自愿性信息披露的研究框架下发现，企业披露环境信息的内部动机主要分为以下几方面：一是公司治理方面，主要包括会计风险（张亨溢，2019）、股权结构（Ghazali，2007；Said 等，2009）、审计委员会（Said 等，2009）、董事会的独立性（Khan 等，2019）；二是规避政治成本，如迫于股东压力（Gamerschlag 等，2011）、符合社会预期和政治能见度（Belkaoui 和 Karpik，1989）；三是管理层意愿（王凤等，2020；杨广青等，2020；何平林等，2019；Moon，2001；Hemingway 和 Maclagan，2004；Jutterstr 和 Norberg，2013）。

6.2.1.1 基于公司治理的动机

Haniffa 和 Cooke（2005）分析了文化和公司治理对公司社会责任报告的影响，他们发现企业披露环境信息的动机受到文化价值观和治理机制的影响，例如董事会的独立性和监管环境。通过对意大利上市公司进行实证研究，Farneti 等（2019）发现公司治理机制，特别是董事会特征和审计委员会，与公司披露环境信息的动机和质量相关。Shen 和 Zhang（2019）发现具有较高比例的内部股权和董事会独立性较高的公司，往往在披露环境信息方面更为积极。

关于亚洲上市公司的实证研究均发现，股权结构与环境信息披露之间存在着极为重要的联系。Choi 等（2019）利用韩国上市公司的数据，探讨了股权结构、董事会组成与环境信息披露之间的关系，发现存在较高比例的大股东和具有环境专业知识的董事会成员的公司更倾向于披露环境信息。基于马来西亚的数据，Ho 等（2013）发现机构投资者和外部大股东比例高的公司倾向于更积极地披露环境信息。Qi 等（2018）回顾了过去的实证研究并进行了梳理，他们发现较高比例的内部股权、较高的机构投资者持股比例和外部大股东持股比例与更积极的环境信息披露之间存在正向关系。Wang 等（2019）采用元分析方法对文献进行了综合分析，也得到了与上述文献类似的结论。为了进一步研究环境信息披露的动机，Chughtai 等（2018）基于资源依赖理论、代理理论和利益相关者理论等多个理论，系统回顾了已有的研究，构建了一个理论框架来解释股权结构对环境信息披露的影响。

对于不同国家和地区上市公司数据的研究总体表明，公司治理水平与环境信息披露呈正相关关系。基于中国上市公司的数据，Li 等（2019）探讨了环境信息披露与公司治理之间的关系，并分析了环境信息披露对公司价值的影响。研究结果表明，良好的公司治理能够促进环境信息披露水平的提高，而环境信息披露与公司价值之间存在着正向的关联。基于印度上市公司的数据，Dharmapala 和 Khanna（2013）探索了环境信息披露、公司治理和公司价值之间的关系，并发现环境信息披露水平较高的公司往往拥有更好的公司治理实践，并且这种环境信息披露与公司价值之间存在着正向的关联。基于马来西亚上市公司的数据，Setyowati 等（2018）探讨了环境信息披露、公司治理和公司绩效之间的关系。他们发现良好的公司治理有助于提高环境信息披露水平，并且环境信息披露与公司绩效之间存在着正向的关联。

以上文献提供了关于环境信息披露与公司治理之间关系的实证研

究结果，揭示了公司治理对环境信息披露的重要影响。

6.2.1.2 基于规避政治成本的动机

Islam 和 Deegan（2010）通过对两个跨国零售公司的案例进行研究，发现公司披露环境信息的动机与媒体的曝光和舆论压力相关。基于合法性理论，Freedman 和 Dmytriyev（2017）发现公司披露环境信息是为了维护其合法性，并回应利益相关者的需求。基于石油行业的数据，Berkowitz 等（2017）研究发现政治成本较高的公司倾向于更积极地披露环境信息，以应对政府监管、公众舆论和投资者关注带来的风险。Sidhoum 和 Serra（2016）以电力行业的数据为研究对象，发现当公司面临来自股东的激进行为时，会更积极地披露与环境相关的信息，以满足股东的要求和减轻潜在的负面影响。

近年来，关于中国资本市场的相关研究也层出不穷。Marquis 和 Qian（2014）通过分析中国上市公司的社会责任报告，发现中国上市公司披露环境信息的动机既涉及传达信息和符号表达，也与实质性行动和利益相关者的期望有关。Liu 等（2017）发现环境信息披露程度越高的公司面临的政治成本越高，并面临政府监管的加强、公众舆论的压力和投资者的质疑。从政治关联性的角度，Wu 和 Pupovac（2019）发现为了获得政府的支持和避免政治成本的增加，政治关联性较高的公司倾向于更积极地披露环境信息。Byun 和 Oh（2018）研究发现当公司面临来自股东的压力时，倾向于更积极地披露环境信息，以应对投资者的关注和期望。Bing 和 Li（2019）的研究结果显示，当公司面临来自股东的压力时，会提高环境信息披露水平，以满足投资者的需求和维护企业的声誉。

6.2.1.3 基于管理层意愿的动机

Hemingway 和 Maclagan（2004）发现企业披露社会责任信息的动机取决于管理层的个人价值观，并且受个人利益的影响。甚至有些管理者把履行企业社会责任作为一种管理手段，用来进行企业变革（Jutterstr 和 Norberg，2013）。由此可见，管理层自身的认知和价值取向影响企业的环境信息披露水平。那么该如何鉴别管理层的披露动机呢？很多学者都发现盈余质量从侧面反映了管理层的价值取向，从而与环境信息披露产生了一定的联系（Alipour 等，2019；Rezaee 和 Tuo，2019；Choi 等，2013）。通过对近几年的文献进行梳理发现，国内外学者对于环境信息披露与盈余质量的关系，存在着两种截然不同的看法。有学者基于利益相关者理论（Stakeholder Theory），发现积极披露企业社会责任的公司，其财务信息披露也相对充分，盈余质量较高（Alipour 等，2019；Kim 和 Park，2012）。此类企业的管理者认为利益相关者掌握了企业生存和发展的重要资源，只有通过充分披露企业的信息来满足利益相关者的需求才能维持长期关系，因此披露信息时着眼于未来的长远发展，而不是出于短期利益最大化的考虑（Choi 等，2013；Hong 和 Andersen，2011；Freeman，1984）。另外一些学者却是管理机会主义假设（Managerial Opportunism Hypothesis）的拥趸，认为管理者为了追求自身利益，通过披露企业的环境信息来提高企业声誉，掩饰其投机行为，因此环境信息披露越多，盈余质量越低（Choi 等，2013；Prior 等，2008）。该结论获得了委托代理理论（Principal–Agent Theory）、防御者理论（Defender Theory）和合法性理论（Legitimacy Theory）的支持，基于这些理论的研究证实了披露环境信息只是管理者的一种防御手段，用来回馈利益相关者以减少其对企业经营的监视和干预，塑造企业的正面形象（Choi 等，2013；Cespa 和 Cestone，2007）。

6.2.1.4 国内文献综述

虽然国内关于环境信息披露的研究起步较晚，但迄今为止的发现与国外学者大同小异，分为两种竞争观点。陈玲芳（2015）以 2009 年到 2012 年 A 股上市公司的面板数据作为研究样本，通过实证研究发现企业披露环境信息是一种道德责任行为，环境信息披露水平越高的企业盈余质量越高。鲁瑛均（2014）基于利益相关者理论也发现，社会责任型公司的环境信息披露水平与当前年度以及下一年度的盈余质量显著积极相关。王凤等（2020）的实证研究表明，企业环境信息披露水平与真实盈余管理显著正相关，并受到高管特征变量的调节影响。黄荷暑和周泽将（2017）基于利益相关者理论和信号传递理论，发现自愿披露社会责任信息公司的会计盈余质量显著高于未披露公司，并且在自愿披露的样本中，社会责任信息披露质量与会计盈余质量显著正相关。冯晶和黄珺（2015）也发现伦理道德意识强的企业，其进行盈余管理的程度低。与此相反，朱敏等（2014）基于2005年到2011年A股上市公司的数据，验证了管理机会主义假设，发现企业出于管理层私利动机，为了掩饰盈余管理行为而履行社会责任。匡飞燕（2014）以石化公司为样本，发现企业披露环境会计信息确实存在避重就轻的趋利行为，盈余管理正向影响企业的环境会计信息披露。

6.2.2 企业披露环境信息的外部动力机制研究现状

Gray等（1995）对过往文献进行回顾后发现，公司的环境信息披露程度受到政府监管、行业激励、社会压力和利益相关方需求等外部因素的影响。Adams等（1998）研究了欧洲公司的社会责任报告实践，发现公司披露环境信息的主要动机是获取社会和政治方面的认可，从而改善企业声誉。由此可见，很多企业都十分注重自身的声誉，而披露环境信息有助于企业塑造环境声誉。例如，Cho等（2012）通过考察企业的环境声誉发现，为了维护其声誉，企业会采取更多的环境行动。通过研究环境信息披露与权益资本之间的关系，Dhaliwal等（2011）发现两者之间存在负相关关系，这表明环境信息披露可能降低了投资者对企业风险的感知，从而帮助企业更易获得投资。

通过调查来自全球重污染行业的公司对《京都议定书》的反馈效应，Freedman和Jaggi（2005）发现那些来自承诺减少温室气体排放的国家的公司更有可能披露相关环境信息。对于中国企业的研究表明，监管监测与企业环境信息披露之间存在正相关关系，即监管压力促使企业更主动地披露环境信息（Ji 和 Lee，2018）。对于韩国制造业的调查发现，环境监管越严格，企业越倾向于披露更多的环境信息，以满足监管要求和降低潜在的法律和声誉风险（Li 和 Park，2016）。Manetti 和 Toccafondi（2012）发现外部监管机构和利益相关方的要求和压力对企业环境信息披露和可持续发展报告的质量具有重要影响。

除了以上外部因素对环境信息披露有影响外，很多学者还发现某些因素对盈余质量与环境信息披露的关系具有一定的调节作用。比如 Cho 和 Chun（2016）发现公司治理结构（包括审计环境、境外投资者的关注、披露政策等）对企业社会责任与盈余管理的关系具有调节作用，良好的公司治理结构会加强两者之间的负相关性。Li 和 Xia（2018）也发现控股股东对环境信息披露与盈余质量的关系有显著的调节作用：企业披露环境信息的程度与盈余质量在私有企业呈现显著的正相关关系，但在国有企业却并无关系。并且国外研究普遍发现，环境规制对企业披露环境信息的行为有着显著的影响。例如，Kumar 等（2019）通过对美国和日本公司的调查发现，日本公司总体的环境信息披露水平显著高于美国公司，原因之一就是两国环境规制的不同。同时，Wang 等（2019）发现强制披露政策对企业的盈余管理有显著的抑制作用。

国内关于环境信息披露与盈余质量之间关系的制约因素方面的研究还是一片空白，只有少数学者分类研究了不同的所有制结构（朱敏等，2014）和公共压力（如特定的环境法律法规的实施）（姚圣和孙梦娇，2016）下，环境信息披露与盈余质量之间关系的变化，而他们所运用的研究方法并不能验证外部压力对两者之间的关系是否产生调节效应。一些新近的研究考虑到了环境规制的调节效应，例如，张弦（2017）在前人研究的基础上发现环境规制对公司绩效、研发能力与环境信息披露质量的关系均有正向调节作用，但他并未探究盈余质量与环境信息披露的关系。黄荷暑和周泽将（2017）研究了 CEO 权力对盈余质量与环境信息披露关系的调节效应，但并未考虑外部环境规制和监管压力的影响，而且对盈余质量也只是用单一的盈余管理来衡量。

6.3 环境信息披露的动力机制总结

6.3.1 内部动机

6.3.1.1 公司治理动机

为了提高企业的透明度和社会责任意识，加强风险管理和合规性，促进利益相关方参与和监督，以及追求长期价值和可持续发展，企业会基于公司治理动机来披露环境信息。这有助于加强企业的治理机制，增加投资者和其他利益相关方的信任，并为企业的可持续发展奠定基础。

首先，披露环境信息体现了企业的透明度和责任意识。公司治理的核心目标之一是确保信息的披露和公开，以保护投资者和其他利益相关方的权益。披露环境信息可以提供有关企业环境绩效和可持续性承诺的关键数据，为利益相关方提供决策依据，增强企业的透明度和责任感。同时，披露环境信息可以促使企业加强内部管理，并提高资源利用效率。通过收集和分析环境数据，企业可以评估其环境绩效，并识别改进和优化的机会。披露环境信息鼓励企业采取可持续的经营实践，包括节能减排、循环利用、资源优化等，从而提高内部管理效率和经济效益。

其次，企业披露环境信息是为了管理与环境相关的风险。通过披露环境数据、环境政策和管理措施，企业可以识别和评估与环境相关的潜在风险，如环境法规的遵守、环境事故的发生、环境污染的责任等。环境问题可能带来潜在的法律、财务和声誉风险，通过披露环境信息，企业可以识别、评估和管理这些风险，同时确保自身的合规性，避免可能的违规行为。因此，披露环境信息有助于企业及时采取措施来降低这些风险，减少潜在的财务和声誉损失，并确保企业遵守相关的法律法规和监管要求。

再次，披露环境信息可以促进利益相关方的参与和监督，提高公司治理的质量和效果。利益相关方，如投资者、股东、员工和社区，对企业的环境表现和可持续性承诺越来越关注。披露环境信息可以向利益相关方提供信息和数据，满足利益相关方对企业环境绩效和可持续发展表现的需求，增强其对企业的信任和忠诚度，加强企业与他们的互动和沟通，建立更加透明和信任的关系，使其能够更好地理解企业的环境风险和表现，并参与决策和监督过程，提高公司治理的有效性。

最后，披露环境信息有助于企业追求长期价值和可持续发展。可持续发展要求企业在经济、社会和环境方面取得平衡和协调。通过披露环境信息，企业可以展示其在环境管理、资源利用、节能减排等方面的努力和成就，向利益相关方传达其长期价值和可持续性战略，为未来的发展奠定基础。披露环境信息可以为企业带来创新和竞争优势。随着可持续发展的日益重要，消费者对环保和可持续产品的需求不断增加。通过披露环境信息，企业可以吸引环境创新方面的投资并推动可持续技术研发，提高产品和服务的环境性能，满足市场对可持续解决方案的需求，从而在市场竞争中获得优势。

6.3.1.2　规避政治成本的动机

为了规避政治成本，企业通过披露环境信息来回应监管合规的要求，主动响应政策导向，从而应对公众舆论压力，并满足利益相关方的期望。

首先，披露环境信息可以帮助企业确保其环境行为符合监管要求，避免受到处罚或面临其他法律风险。政府对企业环境行为的监管力度日益加强，相关的法律法规和环境标准也在不断更新和完善。通过主动披露环境信息，企业可以表明其对合规性的重视，减少违法和违规行为发生的风险，避免可能的处罚或其他法律责任。同时，披露环境信息是企业满足监管机构要求的一种方式，可以确保企业的合规性得到认可和确认，从而获得监管机构的支持和信任，减少监管方面的潜在成本。

其次，通过主动披露环境信息，企业可以增加透明度，减少不利舆论的传播，规避由此带来的政治成本。在当前的信息社会中，公众对环境问题的关注度不断提高，环保组织和社会媒体等渠道能够快速传播企业的环境表现，企业如果在环境问题上被曝光或受到负面评价，可能会面临舆论压力、声誉损害以及消费者、投资者的负面反应。通过披露环境信息，企业可以增强公众对其形象的认同和信任，从而提升企业的声誉。

再次，除了公众之外，利益相关方如投资者、消费者、供应商、员工等也对企业的环境表现十分关注。目前投资者越来越关注企业的环境、社会和治理（ESG）绩效，并将其纳入投资决策的考量范围。企业披露环境信息可以回应利益相关方对企业环境问题的关切，减少由于不披露或信息不透明带来的利益相关方关系的紧张和冲突，从而规避政治成本。

最后，环境保护方面的政策和立法变化可能对企业产生重大影响。有关部门可能会采取各种措施，如强化环境标准、推动绿色转型、鼓励可持续发展等，以应对环境挑战。通过披露环境信息，企业可以展示其在环境管理和可持续发展方面的努力，主动响应政策导向，降低政治和立法压力对企业经营的影响。

6.3.1.3 基于管理层意愿的动机

为了提升声誉和形象，满足利益相关方的需求，管理层也有披露环境信息的意愿。高层管理者的领导和决策、内部控制和风险管理机制、员工参与和利益相关者的反馈都是实现有效披露的重要内部机制。通过披露环境信息，可以提高企业的竞争力，改进内部管理和绩效，并可能赢得政府支持和合作机会。

首先，管理层有通过披露环境信息来塑造企业良好声誉和形象的动机。环境和其他社会责任信息反映企业的环境管理措施和可持续发展实践，能够向内外部利益相关方传递企业的责任感和承诺，提升企业的声誉和形象。披露环境信息有助于获得投资者、客户、员工和其他利益相关方对企业的信任和支持。道德和伦理动机也是管理层披露环境信息的重要驱动因素。许多企业将环境保护视为其社会责任的一部分，将披露环境信息作为落实社会责任的一种方式。

其次，管理层有义务满足利益相关方，如投资者、消费者、员工、供应商、社区等对企业的环境绩效和可持续发展表现的需求。通过披露环境信息可以满足这些利益相关方的需求，从而与其建立更好的关系，增加利益相关方对企业的支持。越来越多的消费者和投资者在购买和投资决策中会考虑企业的环境责任和可持续性表现。管理层认识到披露环境信息可以为企业带来竞争优势。通过展示企业在环境管理方面的努力和成果，可以吸引更多的消费者选择其产品或服务，吸引更多的投资者选择投资于企业，从而提高企业的市场地位和竞争力。

再次，披露环境信息可以帮助管理层更好地了解和管理企业的环境绩效，从而促进内部管理的改进。通过收集、分析和披露环境数据，管理层可以识别和评估环境风险和机会，并制定相应的策略和计划来改善环境绩效。披露环境信息也可以增强企业内部的环境意识和责任感，激励员工参与环境管理和可持续发展的实践，提高资源利用效率，减少环境污染和废物排放。

最后，披露环境信息可以使企业与政府建立更好的关系，赢得政府的支持和合作机会。政府在环境保护和可持续发展方面发挥着重要的作用，管理层可能希望通过披露环境信息来展示企业的合规性、可信度和对政府政策的响应。这有助于建立良好的政企关系，获得政府的支持、资源和合作机会。

6.3.2 外部动机

6.3.2.1 满足合法合规要求的动机

政府在环境保护领域制定了一系列的法律、法规和标准，企业需要遵守相关要求。披露环境信息是企业向政府证明其环境合规性的一种方式。通过披露环境信息，企业可以展示其对法律法规的遵守程度，证明自身在环境管理方面的合法性，避免可能的处罚或其他法律责任。同时，监管机构需要了解企业的环境表现和实践情况，以评估其环境风险和合规状况。企业披露的环境信息可以给监管机构提供必要的数据和资料，使其能够更全面、准确地监督和评估企业的环境管理情况，包括污染排放、资源利用、生态破坏等方面的问题。通过披露环境信息，企业可以展示其对环境风险的认识和管理措施，为风险评估和监管决策提供依据。这有助于建立透明的监管关系，减少监管机构对企业的质疑和审查。

6.3.2.2 符合政府政策导向的动机

政府在环境保护方面制定了各种政策和措施，以应对全球环境挑战。披露环境信息可以使企业符合政府的政策导向，展示企业在环境管理和可持续发展方面的努力和成果。这有助于企业获得政府的支持和认可，获得相关政策的倾斜和优惠政策，从而推动企业的可持续发展。

政府有特定的政策对环境友好型企业给予奖励，例如税收减免、补贴等。通过披露环境信息，企业可以展示其在环境管理和可持续发展方面的努力，满足政府的要求，从而拥有获得相关奖励的机会。

6.3.2.3 增加透明度和公众参与的动机

政府在环境保护方面重视公众的参与和知情权。披露环境信息可以增加企业的透明度和公众对企业环境表现的了解，使公众能够对企业的环境责任有更清晰的认知。这有助于建立良好的企业公民形象，让公众更好地了解企业的环境风险和影响，增强与公众的互信关系，减少潜在的社会和公众压力。当今社会，公众对环境问题的关注不仅仅停留在被动接受信息的层面，他们希望能够参与并对企业的环境行为发表意见和提出建议。通过披露环境信息，企业可以开放对话渠道，接受公众的意见和反馈，促进公众参与环境决策的过程，增强公众对企业的信任和支持。

同时，披露环境信息有助于企业与公众建立信任关系。披露环境信息可以满足公众的知情权，公众可以根据这些信息来做出消费决策、投资决策和其他相关决策，保护自身的权益。环境信息披露可以展示企业对环境问题的态度和管理措施，增加公众对企业的信任。信任关系的建立对企业的可持续发展至关重要，有助于获得公众支持和合作。

企业作为社会的一员，有责任承担环境保护和可持续发展的责任。通过透明披露企业的环境绩效和实践，企业可以展示其对社会和环境的关注和承诺，推动企业的可持续发展。

第七章

基于医药行业的社会责任信息披露质量影响因素案例研究

7.1 研究背景

随着经济和社会的不断发展，利益相关者在认识到公司经济效益重要性的同时，逐渐开始重视公司的社会责任。尤其是在可持续发展战略实施、环境问题日益严峻、公司治理问题频繁出现等背景下，各国的政府和相关组织纷纷制定和出台一系列法律法规和准则条例，社会责任也逐渐成为公司及利益相关者进行规划和决策所要考虑的一个重要方面。随着现代卫生事业的发展和个人卫生意识的提高，医药行业的发展越来越受到关注，行业规范和公司的生产质量面临愈发严格的要求，公司也更应承担社会责任。医药行业的上市公司作为行业内的领头羊，拥有并享受更丰富的社会资源和市场资源，同时，上市公司的生产经营、信息披露等市场行为均受到国家相关机构和法律的监管与约束，因此，相较于医药行业的一般公司，上市公司更具有行业代表性。自2006年深交所发布《上市公司社会责任指引》后，医药行业中对社会责任进行披露的上市公司的数量实现了平稳增长，但在发布社会责任报告的公司数量和总量占比方面仍不尽如人意。根据相关研究统计，自2007年至2015年，在240余家医药行业上市公司中，发布社会责任报告的公司累计47家，不到公司总数目的五分之一，医药行业每年发布社会责任报告的公司数量在30~40家，其中有积极意愿发布报告的公司更是少之又少，数量仅10余家（朱滢，2017）。近几年来，更多的公司加入了发布社会责任报告的行列，截至2019年，发布报告的公司数量实现了增长，累计超过了130家。披露社会责任报告既是时代背景下社会及公众对公司承担社会责任的要求，也是公司从自身利益出发所做的选择。因此，本章旨在通过探究医药行业上市公司社会责任报告信息质量的影响因素，讨论如何提高社会责任报告编写的质量，从而促进全行业、全社会形成履行社会责任的氛围，充分发挥社会责任报告对公司的激励约束作用。

7.2　研究意义

得益于改革开放，我国的很多公司开始焕发生机，实现快速发展，但同时，我国公司对社会责任的认识起步较晚、层次较浅，目前尚处于不断学习和完善的阶段，我国在社会责任领域也还没有形成一个相对成熟的体系。研究上市公司社会责任报告信息质量，一方面，可以对我国上市公司的社会责任履行情况有一定的了解，发展并完善社会责任的相关理论体系，为公司经营者等提供建议；另一方面，将上市公司及其社会责任报告定为对象，对投资者和社会公众而言，更具有参考价值，也间接将公司社会责任融入公司的竞争力和公司文化中。此外，这对各类经济组织的社会责任报告体系的建设有实际意义，有助于增强国家、行业、公司之间社会责任报告信息的可比性。

（1）对上市公司和公司经营者而言，对社会责任报告信息质量的影响因素进行研究，有利于经营者由果溯因，寻得产生影响的具体层面和原因，从而采取措施，对症下药。这不单单可以对信息质量进行高效的改进，也是对公司财务、治理等领域情况的一次整理和反思。

而公司如果发布更高质量的报告，就能够在社会责任履行方面向社会传递积极的信号，树立良好的企业形象，帮助形成投资偏好，进而提高公司的价值。

（2）对投资者而言，上市公司财报经过机构审验，是其决策的关键工具和信息来源，而社会责任报告作为财务以外的信息披露，可以让投资者了解其所投资或有投资意向的公司的社会责任履行情况和公司对社会责任履行的重视程度。通过获取这一类非财务报表类的信息，有助于投资者减少由于信息不对称带来的损失，获取公司全面的信息。对于履行社会责任较好的公司，投资者会更有信心、更加信任，这对投资者进行资金分配和决策具有重要意义。

（3）对监管部门和社会公众而言，对影响医药行业公司社会责任报告信息质量的因素进行研究，一定程度上能够帮助监管部门了解医药公司的生产销售状况，更好地履行其监管职能，并为制定相关政策指南等文件提供理论依据。社会公众既是社会责任的监督人，也是直接受益者，公司社会责任报告信息质量研究可以增加公众对公司社会责任履行状况的了解，进而督促公司持续履行社会责任，促进形成良好的社会氛围和良性循环。

7.3 国内外文献综述

7.3.1 国内文献综述

在社会责任报告信息披露方面，张艳艳（2021）指出，自2006年我国证券交易所初次发布社会责任报告相关指引以来，国内发布社会责任报告的上市公司数量由最初的迅猛增长转变为平稳增长，但总体披露占比较低，2019年仅为23%。除此之外，公司发布的社会责任报告在可靠性、可比性等方面质量不高，公司社会责任发展指数普遍较低。在信息质量评价方面，常用的方法为设立评价维度和构建指标框架，进行赋权评分。宋献中和龚明晓（2007）建立了多维度框架，分析信息质量特征，根据问卷的结果设定权重。基于国内社会责任报告发布的情况，学者提出了相关建议。在考察我国实际情况后，林松池（2010）认为上市公司应采取多样化的披露手段，在编制财务报告外，编制独立的社会责任报告，并在报表和附注的内容上体现公司特点，以增强报表的针对性、可读性和专业性。余方平等（2020）对交通运输行业公司的社会责任履行和社会责任报告发布状况进行了研究，并对其进行组合评价。

在对公司社会责任报告信息质量影响因素的探究方面，主要集中在公司特征、治理、财务指标等角度。殷婷婷（2015）统计了在上海和深圳两个证券市场上发布独立社会责任报告的上市公司，收集了相关的经济数据作为研究支撑，发现公司治理的相关因素、财务绩效的结果会显著影响社会责任信息披露质量。马梦醒（2016）发现，公司偿债能力对社会责任信息质量无明显影响，但企业规模与社会责任信息质量具有正相关关系。齐晓玉和程克群（2017）选取 31 家上市公司作为样本，通过建立面板数据进行回归分析，发现企业资本结构、公司规模以及盈利水平与信息质量显著相关，且均为正相关。另外，随着公司现代化的不断发展，学术界也出现了关于外部环境因素与社会责任报告信息质量相关性的研究。张婷婷（2019）发现，区域文化作为一种环境因素，对社会责任报告信息披露质量有显著影响，具体表现在区域文化与权力差距认可的关系上，认可度与信息披露动机呈负相关。

7.3.2 国外文献综述

国外学者对社会责任报告的信息质量进行了研究。Abbott 和

Monsen（1979）以医药行业上市公司为例，研究了《财富》杂志发布的世界500强公司的财务报告和社会责任报告，分析其社会责任披露的相关信息，得到了社会参与披露（SID）指数，发现社会责任报告的质量会随着信息涉及的范围的扩大而提高。Clarkson（1995）借助49个评估指标，创设了DRAF模式，通过对各方面进行指标设定，达到较全面的评价，但数据难以全部获得，可操作性不强。而Oh等（2011）通过对相关经济数据的研究，发现投资选择与公司社会责任信息披露质量有显著的正相关性，将信息披露质量进行排名后，结果表明投资者信赖并倾向于投资排名较高的公司。

7.3.3 国内外文献综合评价

通过对国内外学者的研究文献进行梳理归纳，可以看出企业社会责任目前已经被国内外学者广泛关注。由于国外尤其是欧美发达国家的工业化、现代化起步早，较早认识到了公司发展带来的经济增长与社会和谐的矛盾，所以早在19世纪就有学者展开了相关的研究，在20世纪20年代提出了企业社会责任的相关概念。与之相比，国内学者对企业社会责任的研究起步较晚，缺乏经验和研究基础，因此学者在研究时通常基于国外研究成果并参考国外研究的方向和思路，成果较为匮乏。国内外学者在研究社会责任报告信息质量影响因素的过程中，遵循“评估—假设—分析”的基本思路。对于相应的细则和评估标准，国内外都还没有实现统一，也有国外学者在研究中自行建立模型和指标进行评估。目前国际上较权威、接受度较高的大多为相关国际组织制定的指南和标准，如《可持续发展报告指南》，同时我国企业主要将中国社会科学院、国家质检总局和国家标准委发布的权威文件作为社会责任报告编写的指南，所以学者在对国内公司进行研究时，往往结合国际标准和国内指南进行综合评估。在对影响因素进行假设时，常以利益相关者理论作为指导理论，选取的假设因素有公司规模、获利能力、偿债能力、资本结构等。一方面，通过研究这些因素与信息质量可能存在的关系，能够有针对性地提出建议，增强研究的实用性。另一方面，这类因素可以用具体的数值或指标反映，便于量化研究。但同时这些因素的假设也存在不足，如由于研究的公司、行业等的特殊性，仅假设此类通用型变量不够全面。因此，本章除了假设此类变量外，还结合研究对象的特征性质假设其他变量并验证其与信息质量的关系。

7.4　公司社会责任报告评价方法

7.4.1　国外社会责任报告信息质量评价准则

国外在制定社会责任报告信息质量评价体系层面，并未达成完全一致。在一众公司社会责任信息披露指南中，GRI 组织发布的《可持续发展报告指南》、国际标准化组织（ISO）起草制定的 ISO 26000、英国社会和伦理责任协会（ISEA）制定的 AA 1000 以及美国的社会责任国际（SAI）发布的 SA 8000 较为权威，并被国际众多公司组织认可和采用。制定这些准则和标准的组织发展历史长，在社会责任领域从事了多年的专业研究，对发布的准则在时代变迁的过程中持续、及时地更新调整，保证其在通用领域的科学合理性。

其中：《可持续发展报告指南》第四版（G4）根据利益相关者包容性、可持续发展背景、实质性、完整性原则界定评估报告内容，同时从准确性、平衡性、清晰性、可比性、可靠性、时效性六个维度评定公司社会责任报告的信息质量水平；ISO 26000 社会责任指南提出了履行社会责任应该遵守的七项原则，在社会责任的认知、承担主体、实践和核心主题等方面都富有特点；AA 1000 以包容性原则为基础，结合实质性原则和回应性原则对公司组织的社会责任行为进行评价，重视利益相关者在企业履行社会责任过程中的参与和影响；SA 8000 侧重于公司员工权益方面，内容主要涉及劳工标准、工时与工资、员工健康与安全、管理系统等方面，相对而言对社会责任全面履行方面的评价略有缺失。

7.4.2 我国社会责任报告信息质量评价准则

随着国际上对企业社会责任的研究不断深入，我国也在不断加快社会责任报告信息质量评价准则的制定和完善。2009 年 11 月，我国在社会责任领域迈出了一大步，发布了《中国企业社会责任报告编写指南（CASS-CSR1.0）》。此外，在次年 3 月发布了《中国企业社会责任报告评级标准（2010）》。这两份文件中，前者是国内首部针对企业社会责任报告的编写手册，后者为首份评价标准文件。经过不断更新调整，我国以编写指南和评级标准为基础和依据，搭建了企业社会责任报告的评价框架，从实质性、完整性、过程性、可比性、平衡性、可读性、创新性七个方面对我国公司组织的社会责任报告信息质量进行评价。此外，2015 年公布的 GB/T 36000 系列标准，成为对企业履行社会责任的建议和指引准则。该系列标准由国家质检总局和国家标准委联合发布，包括《社会责任指南》（GB/T 36000）、《社会责任报告编写指南》（GB/T 36001）、《社会责任绩效分类指引》（GB/T 36002）。

除了政府机构发布的相关准则和指南外，我国也有一些非政府机构致力于研究公司社会责任报告质量，设计了一定的指标和体系对社会责任报告的信息质量进行评价，并被我国众多企业组织认可和采用，如润灵环球设计的 ESG 和 MCT 评级、金蜜蜂发布的社会责任报告指数等。

7.4.3　评价体系的维度及权重

在对现有国内外公司社会责任报告信息质量相关评价准则进行广泛了解的基础上，本章主要依据《中国企业社会责任报告评级标准（2020）》、《社会责任报告编写指南》（GB/T 36001）、《可持续发展报告指南》（G4）、金蜜蜂社会责任报告指数和润灵环球 MCT 评级系统，确定评价体系的维度及权重，构建信息质量的评价体系。

7.4.3.1　评价体系指标维度

通过归纳整理，将国内外主要评价准则的指标维度以表格形式呈现，如表 7-1 所示。

表 7-1　各评价准则评价指标的维度

信息质量特征	评级标准（2020）	GB/T 36001	G4	金蜜蜂	润灵环球
实质性	√	√		√	√
完整性	√	√		√	
可比性	√	√	√	√	√
可靠性			√	√	√
平衡性	√		√		√
时效性		√	√		
清晰性			√		
可读性	√	√		√	
过程性	√				
创新性	√			√	
准确性		√	√		
透明性		√			√
有效性					√

资料来源：《中国企业社会责任报告评级标准（2020）》、《社会责任报告编写指南》（GB/T 36001）、《可持续发展报告指南》（G4）、金蜜蜂社会责任报告指数和润灵环球 MCT 评级系统。

根据表 7–1 的内容，将所选取的五个评价准则的指标维度归纳整理如下。

（1）可比性出现在五个评价准则中。

（2）出现在四个评价准则中的维度有实质性，在 G4 准则中，实质性作为报告内容的评价指标出现，因此也可认为实质性在五个评价准则中均有涉及。

（3）出现在三个评价准则中的维度有可靠性、平衡性、可读性和完整性。

（4）出现在两个评价准则中的维度有时效性、创新性、准确性、透明性。

（5）出现在一个评价准则中的维度有清晰性、过程性、有效性。

由于各评价准则具有自身的特点和侧重点，评价社会责任报告信息质量的标准和指标有所差别，同时，针对不同行业、不同信息受众，报告信息也会有所偏向，所以对其质量进行评价采用的方法也应具体分析。综合来看，实质性、完整性、可比性这三个信息质量特征在主要的评价准则中均有涉及且适用性广，可以作为评价体系的评价指标。另外，可读性是指公司编制的社会责任报告应便于信息使用者理解和运用。可靠性是指公司编制社会责任报告需要依据事实，报告信息应真实可靠以保证报告的可信度。社会责任报告是一项公开发布的、具有一定专业性的信息产品，应充分考虑公司利益相关者对报告的理解程度和报告的可信度。因此，本章在选取实质性、完整性、可比性的基础上，将可读性、可靠性也作为公司社会责任报告信息质量评价的标准，共同构建评价框架和体系。

7.4.3.2 评价体系指标权重

在上述选取的国内外主要评价准则中，由于《社会责任报告编写指南》（GB/T 36001）和《可持续发展报告指南》（G4）对权重没有量化设定相应的百分比，因此仅整理归纳另外三种评价准则的权重情况，如表 7–2 所示。

表 7–2　各评价准则评价指标的权重

评价指标	评级标准（2020）	金蜜蜂	润灵环球
实质性	25%	66%	55%
完整性	20%	16%	30%
可比性	10%	4.5%	2%
可读性	10%	4.5%	8%
可靠性	—	4.5%	3%
平衡性	10%	—	2%
过程性	20%	—	—
创新性	5%	4.5%	—

资料来源：《中国企业社会责任报告评级标准（2020）》、金蜜蜂社会责任报告指数和润灵环球 MCT 评级系统。

从表 7–2 可以看出，各评价准则都对评价指标的权重进行了设定，在所确定的五个评价指标中，权重最高的为实质性，完整性和可读性随后，而可靠性和可比性两个评价指标的权重相当且较小。相较于评级机构设定的权重，《中国企业社会责任报告评级标准（2020）》中各评价指标的权重相差较小，分布较为均衡。

本章在参考上述准则的基础上，借鉴王晔（2017）在上市公司社会责任报告信息质量影响因素的研究中对五个维度权重的设定，认为对公司社会责任报告信息的实质性维度的评估最为重要，涉及对报告最核心内容的评估，其权重占比应设为最大，因此设定为 40%。

完整性和可读性的重要性和权重随后。完整性体现了社会责任报告内容的丰满度和涵盖面，且对报告信息质量的改善有很大的参考价值，其权重设定为 25%，仅次于实质性的权重。可读性作为面向信息使用者的指标，从利益相关者角度，并结合国际国内的权威准则来看，是影响社会责任报告信息质量的重要方面，因此权重设定为 15%。另外，从评级标准（2020）和金蜜蜂采用的权重来看，可靠性和可比性的权重相差不大，因此，本章在设定可靠性与可比性维度的权重时，将两者均设为10%。由此，公司社会责任报告信息质量评价体系的五个评价指标——实质性、完整性、可读性、可靠性、可比性的权重依次呈减少趋势，具体如表7–3所示。

表7–3 评价指标的权重

评价指标	权重
实质性	40%
完整性	25%
可读性	15%
可靠性	10%
可比性	10%

资料来源：《中国企业社会责任报告评级标准（2020）》、金蜜蜂社会责任报告指数和润灵环球MCT评级系统。

7.4.4 各维度细化的评分项目

由于所选定的评价维度属于抽象概念，无法进行量化分析，因此在各指标下设定具体维度作为评分项目，从而量化评价公司社会责任报告信息质量。

（1）实质性。对公司社会责任报告信息实质性的评价主要是指对社会责任报告在报告期内披露的有关可持续发展的关键性议题和行业相关的关键指标进行识别与评估，以及评价对利益相关者产生的影响。具体内容根据行业特点、利益相关者、经营的市场环境、政策环境而定。医药行业报告的实质性维度评分项目设定如表7–4所示。

表 7–4　医药行业报告的实质性维度评分项目

维度	评分项目
实质性	产品质量管理体系，如是否通过 ISO 9000 等质量管理体系；全链条质量管理措施是否披露；对供应商社会责任是否审查；药品召回和过期药品回收与处置方式；医药物流体系建设；药物储备及应急供应机制；药品宣传是否合规真实；产品研发和专利申请；医药零售服务转型与创新；保障公平竞争的制度或措施；公司内部控制；内部监察；反腐败。 绿色管理，如环境管理组织体系、环保培训宣教、绿色供应链、气候变化应对、碳排放和碳强度等。 绿色生产，如环保技术、环保材料、能耗与能源利用效率、配送链优化等。 绿色运营，如绿色办公措施与绩效、环保公益活动等

资料来源：《中国企业社会责任报告指南 4.0 之医药流通行业》。

（2）完整性。对公司社会责任报告信息完整性的评价是指对发布的社会责任报告内容是否全面反映公司对环境、社会、经济等方面的影响进行评价，以及考察利益相关者是否可以根据社会责任报告信息的披露了解公司履行社会责任的制度理念、方法措施以及履行结果。完整性可以从社会责任履行领域和披露方式的完整性两个方面进行评价与考察。医药行业报告的完整性维度评分项目设定如表 7–5 所示。

表 7–5　医药行业报告的完整性维度评分项目

维度	评分项目
完整性	公司基本状况，公司经济活动和绩效，公司战略与目标，公司发展前景、风险与机遇分析，社会公益事业，环境责任，消费者责任，股东和债权人责任，员工责任，政府与公共组织责任，社会责任理念，社会责任措施与绩效报告，指标与参数说明

资料来源：《中国企业社会责任报告指南 4.0 之医药流通行业》。

（3）可读性。可读性强调信息使用者对公司发布的社会责任报告是否能够充分理解，其评价可从内容可读性和视觉可读性两个方面进行。内容可读性重在评估社会责任报告披露的信息是否清晰明确，语言是否简明扼要、富有条理，对专业内容和专业术语的阐述和解释是否便于理解等。而视觉可读性强调社会责任报告的排版、图表是否清晰明了，是否使用图片、数据表等形象的报告形式。医药行业报告的可读性维度评分项目设定如表 7–6 所示。

表 7–6　医药行业报告的可读性维度评分项目

维度	评分项目
可读性	报告信息是否清晰明确，报告语言是否简明扼要、富有条理，篇幅是否适中，报告是否对专业内容和术语进行解释，解释是否通俗易懂，报告信息来源和渠道是否标明，报告排版是否便于阅读，报告是否采用图表，图表是否有文字说明

资料来源：《中国企业社会责任报告指南 4.0 之医药流通行业》。

（4）可靠性。对公司社会责任报告信息可靠性的评价是指对社会责任报告内容的真实可信度进行评估分析。根据国内外主要的社会责任报告信息质量评价体系，可靠性维度包括社会责任报告对利益相关者的建议是否反映、是否仅披露正面信息而无负面信息、是否通过专家或第三方机构审核检验等方面。医药行业报告的可靠性维度评分项目设定如表 7–7 所示。

表 7–7　医药行业报告的可靠性维度评分项目

维度	评分项目
可靠性	报告是否反映利益相关者的建议，报告是否披露负面信息，报告信息是否通过专家或第三方机构审核检验

资料来源：《中国企业社会责任报告指南 4.0 之医药流通行业》。

（5）可比性。可比性强调即使是不同主体也能对报告信息进行一定程度的对比，从而帮助信息使用者进行分析。可比性维度具体包括公司社会责任报告是否对行业整体或同行业其他公司的水平和数据进行披露、是否存在连续披露的历史数据可供对比、报告披露依据的标准和参考的指标是否权威、设定的目标与实现程度等方面。医药行业报告的可比性维度评分项目设定如表 7–8 所示。

表 7–8 医药行业报告的可比性维度评分项目

维度	评分项目
可比性	是否披露行业整体水平或同行业其他公司水平，是否存在连续三年披露的历史数据，是否依据权威标准披露，设定的目标与其实现程度

资料来源：《中国企业社会责任报告指南 4.0 之医药流通行业》。

7.4.5 评分标准与计算公式

本章在评分标准方面借鉴了杨熠（2008）对石化行业的评分标准，通过对细化的评分项目进行评分，量化定性评价指标。其中，实质性维度设立了 15 个评分项目，完整性维度设立了 13 个评分项目，可读性维度设立了 6 个评分项目，可靠性维度设立了 3 个评分项目，可比性维度设立了 4 个评分项目。以 2 分作为各评分项目的满分，采用 0 分、1 分、2 分进行评分，分别对应评分项目在社会责任报告中没有体现、体现但不详细具体、体现且较为详细具体三种情况。该评分标准较为简洁易懂，易于计算，在科学充分地设立相应维度的评分项目的基础上，能够对公司社会责任报告的信息质量进行相对客观的评估。在计算公司各维度的得分后，根据得分与对应维度满分的比值，以及各评价维度的权重，换算为满分为 100 分情况下的得分，然后根据表 7–9 进行评价。

表 7–9 报告信息质量评价表

报告质量评价	优秀	良好	一般	较差	很差
报告评价得分	100~80	79~60	59~40	39~20	19~0

得分计算的具体公式如下：

$$DF_{jm} = N_j \times 2 \tag{7–1}$$

$$NF_j = (DF_{jr} / DF_{jm}) \times 100 \tag{7–2}$$

$$DF = \sum_{j=1, 2, 3, 4, 5} DF_j \times W_j \tag{7–3}$$

其中，公式（7–1）中 N_j 代表各评价维度下评分项目的数目，DF_{jm} 代表各评价维度的满分值，公式（7–2）中 DF_{jr} 代表公司在各维度得分的总和，公式（7–3）中 W_j 代表各评价维度的权重，DF 即为公司社会责任报告信息质量的总得分。

7.5　样本选取及数据来源

本章的研究对象为医药行业的上市公司及其发布的社会责任报告。根据中国证监会发布的《上市公司行业分类指引》和上市公司分类结果，本章从医药行业上市公司的规模、知名度、主要业务等条件出发选取样本。由于研究时间正处于上市公司审计发布 2020 年年度报告期间，缺少大量公司的社会责任报告数据，故选取 2019 年医药行业的 20 家上市公司的社会责任报告作为分析对象。数据来源于公司官网、上交所官网、和讯网、金蜜蜂中国社会责任报告数据库等。

7.6　报告信息质量评价结果

利用上述评分模型，对所选的 20 家医药行业上市公司 2019 年的社会责任报告进行评分，结果如表 7–10 所示。

表 7–10　医药行业上市公司 2019 年社会责任报告评分

公司名称	评价得分	评价等级
公司 1	64.06	良好
公司 2	56.72	一般
公司 3	62.02	良好
公司 4	45.97	一般

续表

公司名称	评价得分	评价等级
公司 5	32.08	较差
公司 6	67.65	良好
公司 7	34.04	较差
公司 8	77.07	良好
公司 9	66.48	良好
公司 10	58.77	一般
公司 11	43.01	一般
公司 12	48.52	一般
公司 13	37.73	较差
公司 14	62.07	良好
公司 15	41.80	一般
公司 16	53.55	一般
公司 17	52.64	一般
公司 18	37.63	较差
公司 19	37.29	较差
公司 20	29.58	较差

各公司在五个维度的得分情况如表 7–11 所示。

表 7–11　五个维度得分情况

公司名称	实质性	完整性	可读性	可靠性	可比性
公司 1	21	18	6	3	5
公司 2	16	16	8	3	4
公司 3	15	19	9	3	6
公司 4	12	16	5	2	4

续表

公司名称	实质性	完整性	可读性	可靠性	可比性
公司 5	8	11	4	2	2
公司 6	18	22	9	3	5
公司 7	10	12	3	1	3
公司 8	21	22	11	4	6
公司 9	17	20	10	2	7
公司 10	16	19	8	1	6
公司 11	10	17	5	2	3
公司 12	13	19	7	1	2
公司 13	7	20	3	1	3
公司 14	16	22	9	2	4
公司 15	12	16	5	1	2
公司 16	18	16	7	1	3
公司 17	14	18	8	1	4
公司 18	7	16	5	1	4
公司 19	11	14	3	1	3
公司 20	5	13	3	1	4
平均得分	13.35	17.3	6.4	1.8	4

7.7　评价结果分析

根据表 7–10 中各上市公司的评分结果可知，所选的 20 家上市公司中得分最高的为公司 8，分数为 77.07，得分最低的为公司 20，分数为 29.58，经计算，所选 20 家医药行业上市公司社会责任报告平均得分为 50.43。从设定的评价等级来看，20 家公司中评价等级为优秀的为 0 家，等级为良好的有 6 家，等级为一般的有 8 家，等级为较差的有 6 家，等级为很差的有 0 家，平均得分的等级为一般。以上结果说明，医药行业上市公司的社会责任报告信息质量水平普遍不高。下面根据社会责任报告各评价维度的得分情况分别进行分析。

7.7.1　实质性维度

实质性维度分为 15 个评分项目，总分 30 分，其中得分最高的为公司 1 和公司 8，均为 21 分，得分最低的为公司 20，仅为 5 分，20 家公司实质性维度的平均得分为 13.35 分。这说明医药行业上市公司在社会责任报告披露中对反映公司和产品的核心指标不够重视，在发布相关信息时，忽视了公司和行业特征，同时不同公司的披露存在分化情况。其中提及较多的为产品质量管理体系、绿色管理、绿色生产、绿色运营方面，而对于药品宣传是否合规真实、保障公平竞争的制度或措施、医药物流体系建设、药物储备及应急供应机制方面提及较少。

7.7.2　完整性维度

完整性维度分为 13 个评分项目，总分 26 分，其中得分最高的为公司 6、8 和 14，均为 22 分，得分最低的为公司 5，分数为 11 分，20 家公司完整性维度的平均得分为 17.3 分。相比其他维度，完整性维度的情况相对乐观。通过对完整性维度各评分项目进行统计，发现医药行业上市公司注重披露公司基本情况、社会公益事业、员工责任这几个方面的信息，同时倾向于避免对公司发展可能面临的风险进行披露。

7.7.3 可读性维度

可读性维度分为 6 个评分项目，总分 12 分，其中得分最高的为公司 8，分数为 11 分，得分最低的为公司 7、13、19 和 20，均为 3 分，20 家公司可读性维度的平均得分为 6.4 分。通过统计发现，不同公司社会责任报告的发布格式尽管有相似的部分，但部分公司的报告无论是结构还是侧重点都存在较大的差异，可以明显看出医药行业上市公司发布社会责任报告缺乏合理统一的格式和标准。

7.7.4 可靠性维度

可靠性维度分为 3 个评分项目，总分 6 分，其中得分最高的为公司 8，分数为 4 分，20 家公司在可靠性维度上的得分普遍较低，平均得分仅为 1.8 分。可靠性维度的评分项目相对较少，但从得分情况可以看出，医药行业上市公司对社会责任报告信息的可靠性较为忽视。所选的 20 家公司对利益相关者的建议虽然都有所反映，但较为简洁笼统，报告信息基本缺乏第三方机构的审核检验。除此之外，在所选的 20 家医药行业上市公司中，仅有 3 家公司简短地提到了公司负面信息。

7.7.5 可比性维度

可比性维度分为 4 个评分项目，总分 8 分，其中得分最高的为公司 9，分数为 7 分，得分最低的为公司 5、12 和 15，均为 2 分，20 家公司可比性维度的平均得分为 4 分。在可比性维度的 4 个评分项目中，对行业整体水平或同行业其他公司水平、设定的目标与其实现程度的披露较少。同时，绝大多数企业都基于目前的权威标准进行报告的编写，增强了信息的纵横向可比性。

7.8　信息质量影响因素及假设

7.8.1　公司规模

根据众多专家学者的研究成果，公司规模差异会导致社会责任报告信息质量的差异，大公司披露社会责任信息的意愿更强。出现这种情况的原因在于：一方面，规模较大的公司通常是行业的龙头，知名度高且消费者信赖程度高，随着消费者和社会公众对社会责任的关注度日益增加，披露更多的社会责任信息能够有利于公司树立热心公益、主动负责的良好形象，进一步提高公司的声誉，巩固公司在行业内的地位；另一方面，规模较大的公司由于业务范围较广、生产耗用较高、市场份额较大，被政府和相关机构组织以及社会公众密切关注，受到的政策法规限制更多也更为严格，因此公司承担和披露社会责任也是必需的行为。

假设 1：公司规模为一个影响因素，与社会责任报告信息质量正相关。

7.8.2　公司盈利水平

利润是公司运营和发展的资金来源，因此，盈利水平是公司投资者、债权人以及其他利益相关者都普遍关心的中心问题。部分公司可能会为了追求利益的最大化，对公司存在的一些负面信息选择不予披露，以引导利益相关者做出有利于公司的决策，同时通过掩盖公司活动和财务状况，进而逃避法律和社会对公司社会责任的要求。

假设 2：公司盈利水平为负向影响社会责任报告信息质量的因素。

7.8.3 公司财务风险

公司财务风险是公司财务成果与预期的经营目标发生偏差而导致公司遭受经济损失的可能性。较大的财务风险对公司而言是一个极大的负面信息，对于上市公司更是影响显著，可能会直接影响投资者的经济行为。根据上市公司每年公布的财务报告，可以通过计算资产负债率等指标了解公司显性的财务风险，因此对于上市公司来说，财务风险属于已经展现给利益相关者的信息。为了减少较高的财务风险对信息使用者的信任和投资的负面影响，公司很可能会选择增加对社会责任报告的披露以提高公司的声誉和形象，进而获取相应的信任和利益。

假设 3：公司财务风险为影响因素，其与社会责任报告信息质量有正向关系。

7.8.4 报告连续编写年数

当前社会责任报告编写公司数目渐增，但总体而言，业内能够连续多年编写和发布报告的上市公司的数量不算可观，尤其是一些发展迅速的公司，在指南的引导和社会舆论的压力下，近年来才逐渐开展这项工作。正是因为履行责任不足以及缺少经验，其内容在五个维度都欠佳。相对而言，医药行业老牌上市公司的社会责任报告内容更加充实完整，结构版面和篇幅更加合理。

假设 4：连续多年编写报告的公司，其发布的社会责任报告质量较好。

7.8.5 国际化水平

企业社会责任这一概念源于欧美，且在欧美发展较为成熟。尽管我国公司几十年来在社会责任领域实现了很大的进步，但尚不及国外大型公司。在研究过程中，本章发现一些公司在编制报告时，不仅将国内的指南作为依据，而且基于时代背景和外国利益相关者的角度，也会参考国际发布的指南和标准，并发布中英双语报告。公司参考国际指南和准则，了解和借鉴优秀的案例，可能会帮助公司提供更高质量的社会责任报告。

假设 5：国际化的因素对社会责任报告信息质量产生积极影响。

7.9　研究设计

根据前文假设的影响社会责任报告信息质量的因素，可将变量分为定性变量和定量变量分别进行研究。其中，报告连续编写年数和国际化水平两个假设影响因素作为定性变量进行分析，国际化水平可以通过考察公司社会责任报告编写是否参考国际指南以及是否使用中英文双语编写来衡量。而公司规模、公司盈利水平以及公司财务风险可以通过财务上计算所得的指标反映，因此可通过变量设定，采用定量变量进行回归分析。

7.9.1　定性分析

通过统计，所选 20 家医药行业上市公司社会责任报告信息质量得分和定性分析的变量信息如表 7-12 所示。

表 7-12　定性分析变量信息

公司名称	评价得分	报告连续编写年数			国际化水平	
		≤ 3 年	3~10 年	≥ 10 年	国际标准	双语
公司 1	64.06	√			√	

续表

公司名称	评价得分	报告连续编写年数			国际化水平	
		≤3 年	3~10 年	≥10 年	国际标准	双语
公司 2	56.72		√		√	
公司 3	62.02			√	√	
公司 4	45.97	√				
公司 5	32.08	√				
公司 6	67.65			√	√	
公司 7	34.04	√				
公司 8	77.07			√	√	√
公司 9	66.48	√			√	
公司 10	58.77			√		
公司 11	43.01		√			
公司 12	48.52	√				
公司 13	37.73			√		
公司 14	62.07			√		
公司 15	41.80	√				
公司 16	53.55		√		√	√
公司 17	52.64			√	√	
公司 18	37.63		√		√	
公司 19	37.29			√		
公司 20	29.58		√			

根据统计结果，对定性变量与所选 20 家医药行业上市公司社会责任报告得分之间的关系进行分析，进而检验假设是否成立。

7.9.1.1 报告连续编写年数

在所选的 20 家医药行业上市公司中，连续编写报告 10 年及以上的共有 8 家，其中评级为良好的公司有 4 家，评级为一般的公司有 2 家且得分均高于 50 分。社会责任报告信息质量评价得分最高的是公司 8，其连续编写社会责任报告的年数也最长，达到了 12 年。另外，在 20 家公司中，报告连续编写年数在 3 年及以下的公司有 7 家，其中评级为较差的公司有 2 家，评级为一般的公司有 3 家且得分均在 50 分以下。

根据以上统计结果，可以判断公司社会责任报告信息质量与报告连续编写年数存在较为明显的正相关性，即连续编写报告的年数越长，报告的信息质量往往越高，假设 4 得以成立。

7.9.1.2　国际化水平

在所选的 20 家医药行业上市公司中，根据各公司发布的社会责任报告的详情可知，有 9 家公司明确表明其参考了国际社会责任报告编写的相关准则。从另一个角度看，在所选的 20 家公司中，信息质量评价得分前 10 的公司中，参考国际准则的公司占了 7 家，而得分较低的 10 家公司中，仅有 2 家公司（得分排名分别为 17 和 18）参考了国际编写准则。在是否采用双语方面，所选的 20 家医药行业上市公司中仅有 2 家公司选择了披露多语言的社会责任报告，分别是得分最高的公司 8 和得分排名第 9 的公司 16。

根据以上统计结果，基本可以判断公司社会责任报告信息质量与公司的国际化水平正相关，国际化水平越高的公司，其社会责任报告信息质量越高，假设 5 得以成立。

7.9.2　定量分析

上市公司具有公开发布财务报告的义务，其财务报告中的财务指标往往能够体现公司相关信息，也便于本章进行定量分析。公司规模一般通过公司的总资产或市值等特征体现，由于公司的市值容易受到股市变动的影响且公司如果在多地上市则不易计算和比较，所以本章选取医药行业上市公司2019年年末的总资产来反映公司规模，采用总资产的自然对数作为变量进行分析。公司盈利水平主要通过利润体现，考虑到公司规模等因素的差异，本章采用相对值指标，选取公司2019年的净资产收益率作为变量进行分析。对于公司财务风险，本章选取公司2019年年末的资产负债率作为变量进行分析。净资产收益率、资产负债率的计算公式如下：

$$净资产收益率 = 净利润 \div 净资产 \quad (7\text{-}4)$$

$$资产负债率 = 总负债 \div 总资产 \quad (7\text{-}5)$$

下面利用总资产的自然对数、净资产收益率、资产负债率进行定量分析。

通过统计计算，所选20家医药行业上市公司社会责任报告信息质量得分和定量分析的变量值如表7-13所示。

表7-13 定量分析变量值

公司名称	评价得分	总资产的自然对数	净资产收益率	资产负债率
公司1	64.06	23.97	0.2514	0.2737
公司2	56.72	24.56	0.0905	0.2932
公司3	62.02	23.20	0.1964	0.4096
公司4	45.97	23.12	0.4117	0.4748
公司5	32.08	23.27	0.2015	0.3077
公司6	67.65	24.63	0.1098	0.2328
公司7	34.04	22.10	0.2086	0.3032
公司8	77.07	25.06	0.0847	0.4850
公司9	66.48	23.79	0.2186	0.4005
公司10	58.77	23.18	-0.0443	0.1399
公司11	43.01	22.09	0.0273	0.3971
公司12	48.52	23.01	-0.0699	0.4987
公司13	37.73	23.76	0.0672	0.2993

续表

公司名称	评价得分	总资产的自然对数	净资产收益率	资产负债率
公司 14	62.07	22.28	0.1181	0.1754
公司 15	41.80	22.53	0.1240	0.3311
公司 16	53.55	22.59	0.0964	0.5167
公司 17	52.64	22.18	0.0051	0.3683
公司 18	37.63	21.51	–0.0165	0.2700
公司 19	37.29	21.21	0.2361	0.1067
公司 20	29.58	23.29	0.0764	0.6224

根据统计结果，对定量变量与所选 20 家医药行业上市公司社会责任报告得分之间的关系进行分析，进而检验假设是否成立。本章选用回归分析法检验公司规模、公司盈利水平和公司财务风险与社会责任报告信息质量的相关性。将本章得到的医药行业上市公司社会责任报告信息质量评价得分作为因变量，反映社会责任报告信息质量。用总资产的自然对数、净资产收益率、资产负债率三个指标分别对应公司规模、公司盈利水平、公司财务风险，并将其作为自变量，进行多元回归分析。回归分析所得结果如表 7–14 所示。

表 7–14　影响因素多元回归分析结果

	回归系数	95% CI	VIF
常数	28.790（1.946）	–0.213~57.792	—
净资产收益率	2.985（0.524）	–8.189~14.158	1.005
资产负债率	102.103**（20.013）	92.103~112.102	1.050
总资产的自然对数	–0.604（–0.923）	–1.887~0.678	1.054
样本量	20		
R^2	0.963		
调整 R^2	0.956		
F 值	F（3，16）=137.638，p=0.000		

注：*p<0.05，**p<0.01。

表 7-14 显示，模型 R^2 值为 0.963，意味着参与回归分析的三个变量能够解释因变量即社会责任报告信息质量 96.3% 的变化原因，模型设定有效合理。对模型进行 F 检验，发现模型的 F 值为 137.638，同时 p 值 <0.05，说明通过 F 检验，回归结果有效可行，也即说明净资产收益率、资产负债率、总资产的自然对数中至少有一项会与社会责任报告信息质量有关系。

分离各假设的自变量，具体而言，资产负债率的回归系数值为 102.103（t=20.013，p=0.000<0.01），意味着资产负债率所反映的公司财务风险与社会责任报告信息质量具有显著的正相关关系。此外，总资产自然对数的回归系数值为 –0.604（t=–0.923，p=0.370>0.05），而净资产收益率的回归系数值为 2.985（t=0.524，p=0.608>0.05），这意味着总资产的自然对数所反映的公司规模和净资产收益率所反映的公司盈利水平均不会对社会责任报告信息质量产生显著影响。

7.10 研究结论与建议

7.10.1 研究成果与结论

本章以医药行业上市公司为样本，利用文献研究法、描述性统计分析法、实证回归法、比较分析法等研究方法，对其社会责任报告进行阅读研究，在参考国内外学者模型设计的基础上，通过分维度、细化指标进行评分评级，得到下述结论。

（1）医药行业上市公司社会责任报告信息质量有待提高。通过评价体系对报告信息质量进行评价发现，医药行业上市公司发布的社会责任报告普遍存在信息质量较差的情况。除此之外，在对报告的五个维度进行评价时，发现一部分社会责任报告披露的信息浮于表面，公司简介、致辞、机构设置等次要内容冗长，而在实质性的关键议题上缺乏深入、具体的披露，降低了社会责任报告的信息质量，如在供应商审查方面，有近一半的公司仅提及相关信息，缺少对审查流程、依据的规章等具体细节的披露。此外，可能是受行业特殊性的影响，医药行业上市公司对负面信息的披露持极其保留的态度，这降低了报告信息的可靠性，不利于信息使用者对公司进行客观评价。

（2）报告连续编写年数和国际化水平与报告信息质量正相关。基于前文对影响因素的定性分析结果，可知公司社会责任报告信息质量与假设的报告连续编写年数和公司的国际化水平两个因素均存在较为明显的正相关性，即连续编写报告的年数越长、国际化水平越高的公司，其报告的信息质量往往越高。公司连续编制社会责任报告，在增强报告的纵向可比性的同时也会不断改善报告信息质量，同时参考国际经验并结合公司自身情况，也可以促进报告信息质量的提高。

（3）公司财务风险与报告信息质量正相关。基于前文对影响因素的定量分析结果，可知医药行业上市公司社会责任报告信息质量与公司财务风险具有显著的正向相关性，财务风险较高的公司，其社会责任报告的信息质量较高。一方面，公司在面临财务风险时，会积极查找自身问题并进行整顿，也会对投资者动向和偏好更加关注，因此，可能会通过披露更高质量的社会责任报告，保持利益相关者对其的信任，以维护自身利益；另一方面，本章采用资产负债率作为定量变量，表现的是公司对获得投资资金的需求，利用这部分资金从事经济和社会责任等相关活动，提高公司在市场上的活跃度和关注度，对公司品牌和形象产生积极影响，这也是公司可能采取的行动。

（4）公司规模和公司盈利水平与报告信息质量无显著的相关性。基于前文对影响因素的定量分析结果，可知社会责任报告信息质量与公司规模和公司盈利水平不存在显著的正相关或负相关关系，公司规模和公司盈利水平并不会对公司社会责任信息披露产生显著影响。这与公司自身奉行的社会责任理念密切相关，大公司往往受到股东更多的约束，更追求经济利益，而忽视其社会责任；也可能从公司利益出发，将公司价值作为首要或重要目标，因此很难得到确定的相关性。另外，上市公司的业务往往更加复杂全面，产生的盈利常受宏观环境、自身条件中变动因素的影响，正是这种变动性和不能预测性，可能对报告信息质量与该假设因素的相关性造成影响。

7.10.2 改进报告信息质量的建议

（1）营造医药行业积极承担社会责任的氛围。医药行业是关系公共卫生和国民健康的关键行业，人们往往对医药行业的公司履行社会责任抱有更高的期待和要求。就目前行业内上市公司披露的社会责任报告来看，大部分公司对社会责任仍缺少足够的重视，社会责任报告信息质量不高很大程度上是企业对社会责任履行不足而导致的。医药行业应积极呼吁业内的公司履行社会责任、树立负责的形象，加大对积极承担社会责任公司的表彰，在社会上和公众视野中增加宣传的广度和深度。同时，业内的龙头公司如医药行业百强公司、老字号等更应主动承担并披露社会责任，带动业内的积极性，营造氛围，这样才能让公司在编写社会责任报告时不至于夸夸其谈或敷衍了事。

（2）提高报告信息与现代化信息需求的匹配程度。我国医药行业的上市公司中，有相当一部分公司是由传统中医药企业发展而来的，正处于公司现代化转型过程中，这类公司在编写社会责任报告时侧重于员工责任、环境责任、股东和债权人责任、公益活动等方面，说明这些公司对社会责任的履行和认知较狭隘，对现代化条件下的报告信息，如全链条质量管理、医药召回、媒体责任、现代医药物流体系建设等方面的披露有所忽视。随着医药行业各种造假事件不断出现，公众逐渐把注意力集中到药品质量监管、广告宣传真实性等方面，对医药行业公司的现代化生产、媒体宣传、应急公关提出了新的要求。公司在现代化转型的同时也要重视社会责任报告信息的现代化，充分考虑信息使用者对报告信息的新需求。

（3）规范医药行业社会责任报告编写。目前国内对医药行业上市公司社会责任报告的发布时间、发布手段、内容、排版、篇幅等方面都没有强制的规定，公司以自愿原则发布社会责任报告，这赋予了报告编写和发布极大的自由性，也直接导致发布的报告在形式、内容、结构等方面都参差不齐，极大地削弱了整体行业社会责任报告信息的完整性与可比性。在查看医药行业上市公司社会责任报告的过程中发现，有的社会责任报告篇幅多达百余页，如公司 8，而有些报告仅有寥寥十来页，过短的篇幅无法保证报告能完整反映公司的社会责任履行情况。

相关机构组织应该对医药行业上市公司社会责任报告的编写进行规范，要求公司参照行业社会责任报告指南进行编写，设立强制披露的项目和细节，保证公司发布的社会责任报告标准化。医药行业社会责任报告编写的规范化将在很大程度上提高报告信息的实质性、完整性和可比性。

（4）加强报告的第三方机构审核检验。第三方机构审核检验是增强社会责任报告信息可靠性的有效手段。就目前我国医药行业上市公司来看，尽管报告发布数量渐增，但经过第三方机构审核检验的占比极小。本章在研究过程中发现，仅有公司 8 的社会责任报告经过第三方机构审验，而其他公司的社会责任报告仅经过公司董事会和管理层审核，缺乏有效的外部监督，报告信息的真实性与可靠性难以保证。公司应主动寻求第三方机构的审核检验或参考专家意见，以增强报告信息的可信度；相关监管部门也应该对企业社会责任报告的可靠性提出要求；第三方机构审核检验离不开政策的支持，要降低公司审核检验的成本。

第八章

基于公司治理动机的社会责任信息披露实证研究

8.1 研究背景

企业社会责任是指企业不仅要创造利润、对股东和员工等承担法律责任，还要对消费者、社区、环境以及股东、员工等承担其他责任。企业的社会责任要求企业不能把追求利润最大化这一传统理念作为企业的原则，要在实现利润的同时顾及对人的价值的关注，以及对环境、消费者、社会的关注和贡献。近年来，我国经济迅猛发展，企业也在迅速发展，然而过快的发展导致有些企业一味地追求利润的最大化而忽略了作为企业应承担的社会责任，引发了一系列与社会的矛盾，比如忽视生态环境的保护导致环境恶化（某些企业对污水不经处理就排入河中）、忽视人民群众的利益将不合格食品投入市场（外卖平台上很多商家卫生不达标，或直接将速食包加热一下充当现炒饭菜给顾客食用）、忽视员工的身体安全和健康让员工在恶劣的环境中工作（一些化工企业对有害气体处理不彻底，使工人长期在有害的空气环境中工作）等。

虽然近两年社会公众越来越关注企业的社会责任问题，并且媒体也加大了对不履行社会责任的企业的报道，但仍有不少企业存在轻视社会责任的问题。不过，很多优质企业纷纷投入社会公益中，同时致力于改善员工的生活及工作环境，比如“阿里巴巴脱贫基金”“华润希望小镇”“京东金融精准扶贫公益众筹”“伊利营养2020”等精准扶贫项目以及广汽丰田的“多重效益森林恢复项目”等，与一些逃避履行企业社会责任的公司形成鲜明对比。

鉴于当前社会上存在的社会责任问题，本章选择从公司治理这一角度来分析企业社会责任的履行情况，研究公司治理与社会责任之间的关系，从而探讨应该如何通过公司治理使企业更加重视社会责任的履行、如何通过社会责任履行使公司治理结构更加完善，进而使企业与社会之间的关系更加和谐，为自己以及他人创造一个更加舒适的生活环境。

8.2　研究意义

8.2.1　现实意义

本章运用SPSS软件对所选样本公司治理方面的指标和社会责任方面的指标进行分析，根据分析结果得出公司治理与社会责任之间存在的关系，从而总结出合理的方法从公司治理方面改善企业社会责任的履行情况，并尝试通过加强对企业社会责任的监管力度来完善公司的治理结构，促进我国企业的治理结构趋向完善，促进我国企业的发展，使其更顺应我国及世界的发展潮流，提高我国的经济实力。

8.2.2　理论意义

本章从三个角度探讨公司治理与企业社会责任的关系，即公司内部治理结构、外部治理结构以及两者共同对企业社会责任的影响，这不同于国内大部分研究仅仅从公司内部控制方面探讨其对企业社会责任信息披露的影响，丰富了我国关于公司治理结构与企业社会责任关系的研究。

8.3 文献综述

8.3.1 国外研究现状

国外对于公司治理与社会责任关系的研究比较全面，而且研究角度很丰富。例如，Choi 等（2013）从企业社会责任、治理与收益质量方面入手，以韩国的企业集团财阀为样本研究发现，企业集团的关联性和企业的所有权结构是决定企业社会责任管理激励的重要因素。Kabir 和 Thai（2017）从公司治理是否对企业社会责任与财务绩效之间的关系形成影响这一研究方向入手，以越南上市公司为样本研究发现，外资持股、董事会规模和董事会独立性等公司治理特征强化了企业社会责任与财务绩效的正相关关系。Hapsoro 和 Fadhilla（2017）从公司治理、企业社会责任披露与经济后果之间的关系入手，以印度尼西亚 210 家上市公司为样本研究发现，监事会和审计委员会的成员构成比例对企业社会责任信息披露的影响是积极和显著的。

8.3.2 国内研究现状

国内对于公司治理与企业社会责任信息披露关系的研究起步较晚，且大多偏向于研究公司内部控制对企业社会责任信息披露的影响。例如，李志斌和章铁生（2017）研究了内部控制、产权性质和企业社会责任信息披露的关系，得出内部控制明显有利于企业社会责任信息披露的结论。秦续忠等（2018）基于创业板 153 家中小企业研究了公司治理结构与企业社会责任披露的关系，发现在公司治理方面，管理层持股不利于社会责任披露，外资持股则相反，公共持股以及董事会独立性则没有显著影响，这与外国学者的结论（诸如董事会独立性的影响方面）有一定差异。吴丽君和卜华（2019）分别研究了公司治理、内部控制与企业社会责任信息披露的关系，得出好的公司治理和内部控制能提高企业社会责任信息披露的质量且内部控制对公司治理有明显的影响，以及内部治理环境对内部控制调节企业社会责任信息披露有明显影响的结论。

8.3.3　文献总结

国外在公司治理对社会责任的影响方面的研究相对较多，且对此进行了多方面的大量实证研究，取得了一定的成果。大部分研究均认为好的公司治理结构对企业社会责任有显著的积极影响，部分学者研究认为公司治理结构中的部分因素对企业履行社会责任有显著的积极影响，而其他因素对企业履行社会责任则没有明显影响。而国内在这方面的研究起步较晚，且研究方向较单一，大部分研究都在分析公司内部控制对企业社会责任的影响，很少有其他方向的研究，不过在研究结果上与国外学者相差不大，同样大部分学者研究认为完善合理的公司内部治理结构对企业社会责任信息披露的影响是积极的。

8.4　理论基础与研究假设

8.4.1　理论基础

8.4.1.1　利益相关者理论

利益相关者指的是与一个企业的生产经营行为和后果有直接或间

接利害关系的群体或个人。除包括与企业有直接利益关系的交易伙伴如消费者、供应商、合作企业等之外，还包括债权人、公司业务所经银行、政府部门、媒体、本地居民等。

“利益相关者”一词最早是在1929年提出的，但之后一段时间，对“利益相关者”的研究并没有得到进一步发展，直到20世纪60年代，相关理论才开始在西方国家得到真正的发展和研究，逐步成熟并形成较大的影响。1963年，斯坦福大学研究所明确界定了利益相关者，认为对于一个企业来说，没有利益相关者这个团体的支持，这个企业将无法继续存在。1984年，Freeman在《战略管理：利益相关者管理的分析方法》中明确提出利益相关者理论是一种分析方法，该理论认为企业各方面的利益实现需要各利益相关者的参与和投入。

一般来说，企业的主要职能是通过各种生产经营活动创造产品和服务，满足社会公众的物质和精神需求。此外，企业还必须承担起维护职工权益、保护环境、为社会做出贡献等方面的重要责任。企业在改进公司治理时也需要运用到利益相关者理论。企业与利益相关者之间是互相依存的，利益相关者理论架起了连通公司治理和企业社会责任的桥梁，联系了公司治理理论和企业社会责任理论。从本质上来讲，不仅企业能够使利益相关者获得相关利益，而且反向来说如果利益相关者能够参与到企业的经营过程中，也将有利于企业解决各种经营问题，有利于企业的稳步可持续发展。一方面，从全社会的角度来看，可以通过完善公司治理结构来平衡企业内部各方面的利益，进而促使企业承担社会责任；另一方面，从企业的角度来看，完善公司治理结构有助于保证企业社会责任得到更为良好的履行，促使企业有效避免一些不必要的违法行为。而提高企业社会责任会计信息披露的质量，也会有助于公司治理效率的提升。举例来说，如果职工的合法权益得到了公司的有效保障，那么职工将会愿意为公司贡献更多，因此从长远来看，这将有利于公司生产效率的提升，也将有利于公司治理效率的提高。综上，如果一个企业能够积极地履行社会责任，使社会责任信息披露质量得到提高，那么该企业的公司治理的效果和效率也可以得到相应程度的提高，该企业的稳定可持续发展也可以得到相应程度的保障。

8.4.1.2　制度理论

制度是公共政策所体现出的明显的特征，是一套具有约束性的有形无形的框架或规则体系，具有合法性、普遍性和强制性。制度理论的基础是行为具有的规律性或规则，它详细规定了具体环境即组织环境中的行为。该理论认为制度由自我或外部权威进行实施，并且一般为社会群体的成员所普遍接受。制度理论认为通过制度上的约束可以实现一些目标，比如本章中通过对企业进行约束来改善企业社会责任的履行情况。

8.4.1.3　委托代理理论

委托代理理论是现代企业发展之下的产物。随着企业管理所涉及的专业知识的逐渐增加以及产权构成的逐步复杂，所有者开始仅保留企业的所有权而放弃企业的直接管理权，并通过聘任经理人来经营管理企业的各种日常业务，以达到让更多优秀人才参与到企业管理中，从而促进企业更快更好发展的目的。

委托代理理论中的委托人和代理人分别为股东和经理人，两者的最终目的都是追求自身利益的最大化，股东和代理人之间订立、管理和实施合同的全部费用构成代理成本，包括监督成本、约束成本以及剩余损失。由于信息的不对称性，股东没有办法知道经理人是否为实现股东收益最大化做出努力，也没有办法真正监督经理人是否将资金用于对企业有益的投资，这些都是股东聘任经理人的代理成本。企业发布财务报告可以降低这种代理成本，而股东通常以财务报告作为依据对经理人员的受托责任的履行情况进行考评。当股东追求投资收益和证券价格的最大化时，企业将承担履行社会责任的成本或逃避社会责任的风险，这也将对企业的投资收益以及发行证券的价格产生一定的影响。因此，企业寻求最为合适的代理契合点，不仅要求企业有履行社会责任的意识，而且要求企业能够有效地保证社会责任会计信息披露的质量。并且通常情况下，所有其他利益相关者都十分关注与自身利益相关的企业是否存在社会责任问题，因此经理层还可以通过提高所披露的社会责任会计信息的质量来降低企业的代理监督成本。

在信息不对称的情况下，委托人和代理人都优先考虑自身的利益可能会形成冲突。因此，解决委托代理问题是公司治理中重要的一步。企业需要使用各种资产和资本，这些资产和资本通常来自不同的利益相关者，因此企业也需要对所有利益相关者负责。所以，所有利益相关者都想了解更多真实可靠的企业社会责任信息。

8.4.2 公司内部治理与社会责任信息披露的关系研究假设

假设 1：董事会规模与企业社会责任正相关。

制度理论认为，一个较大的董事会可以提供更为集中的管理监督，以确保公司各项制度和规范的有效实施。一般来说，大型董事会比小型董事会更难被首席执行官完全控制，因此他们能够更有效地监督管理层的决策。此外，较大的董事会规模通常意味着董事会成员更加多样化。无论年龄、性别、地域或专业领域、经验如何，董事会成员都可以在技术、知识、能力和优势等方面相互补充，从而扩大董事会的视野，提高决策的科学性，更好地考虑到各方的权利和利益。因此，本章根据制度理论提出了董事会规模与企业社会责任正相关的假设。

假设 2：独立董事所占比例与企业社会责任正相关。

独立董事是指在企业中没有其他职务，与企业、董事会和主要股东等都没有关系的董事。设置独立董事是为了避免一部分管理层与非独立董事利用职务谋取私利的事件发生，从而提高企业决策的可靠性和合理性，保护其他利益相关者的权益。此外，独立董事在专业领域的能力通常很高，能够对公司事务做出合理独立的判断，从而更有效地履行职责。由此，本章根据利益相关者理论提出了独立董事比例与企业社会责任正相关的假设。

假设3：监事会规模与企业社会责任正相关。

监事会是中国股份有限公司的法定监督机构，与董事会并肩设立。它的主要职责是对董事会以及管理层进行监督。监事会是公司治理结构中不可或缺的一部分。根据利益相关者理论，设置监事会是为了让其代表所有利益相关者行使监督权。监事会的设立可以限制和平衡董事会和管理层的权力，有助于提高公司治理的效果和效率，促进企业社会责任得到更好的履行。由此，本章提出了监事会规模与企业社会责任正相关的假设。

假设4：高管持股比例与企业社会责任正相关。

根据委托代理理论，只有当委托人给予代理人相应的激励时，委托人和代理人的利益才能趋同，从而达到降低代理成本的目的。Mahoney 和 Thorn（2006）发现，官僚薪酬可以使管理层的利益与社会福利相一致，从而使公司更好地履行其社会责任。股权激励是另一种有效的激励方式。相对于薪酬激励，股权激励是一种长期激励模式，其使代理人和委托人能够分享利益、承担风险，并促使代理人从委托人的角度进行思考和决策，从而纠正代理人的短期行为，帮助企业履行其社会责任。因此，本章根据委托代理理论提出了高管持股比例与企业社会责任正相关的假设。

8.4.3　公司外部治理与社会责任信息披露的关系研究假设

假设5：债务融资与企业社会责任负相关。

从公司外部治理机制来看，公司可以通过竞争控制来达到对管理者进行约束的目的。如果企业管理不善，企业绩效就会下滑。此时，企业将面临并购重组的威胁，控制权将被转移，管理者将被替换。因此，为了避免遭受并购重组的威胁，一些企业转向债务融资，但代理成本随之而来。而代理成本越高，各利益相关者之间的利益冲突就会越大。同时，由于偿债压力增大，企业会将盈利或获得自由现金流作为经营目标，忽视其他利益相关者的权益。由此，本章提出了债务融资与企业社会责任负相关的假设。

8.5 样本和数据来源

本章选取在沪深 A 股上市并在润灵环球进行社会责任信息披露的公司作为研究样本，主要使用 2017 年的数据进行研究。由于 ST（Special Treatment）股票表示的是对财务状况或者其他状况出现异常的上市公司股票的交易进行特殊处理，这类股票在公司向证监会提交的财务报表里连续 3 年出现亏损，退市的风险较大，即这类股票较为特殊，可能与一般股票所体现的公司治理与社会责任的关系不一致，所以本章剔除所选样本中的 ST 样本、金融公司和数据不完整的样本，最后得到 605 个样本。

本章研究所使用的数据来源于润灵环球社会责任报告评级数据库、国泰安数据库以及公司年报，部分数据由手工整理得到，本章对所收集数据进行整理与分析用到的软件是 Excel 和 SPSS。

8.5.1 研究变量

8.5.1.1 被解释变量

以企业社会责任（*CSR*）作为本章研究的被解释变量，采用我国企业社会责任最权威的第三方评级机构——润灵环球（Rankins CSR Ratings，RKS）的评价数据。润灵环球参考国际权威社会责任标准 ISO 26000，从整体性（Macrocosm）、内容性（Content）、技术性

（Technique）和行业性（Industry）四个零级指标出发，采用自主研发的CSR报告评价系统和评级转换体系对上市公司社会责任履行情况进行评分，然后以企业社会责任报告评级得分作为企业社会责任的指标。

8.5.1.2　解释变量

根据前一小节提出的研究假设及前人的研究，本章从公司内部治理和外部治理两方面，选取一些具有一定代表性的变量作为本章的解释变量。在公司内部治理方面，本章主要考虑从董事会规模、独立董事比例、监事会规模、高管持股比例方面进行研究。在公司外部治理环境方面，本章主要从债务融资方面研究其对企业社会责任的影响。

8.5.1.3　控制变量

只有当企业运营达到一定规模后，管理者才有精力从利益相关者的角度考虑问题并做出决策，同时，规模较大的企业一般更注重企业的品牌和声誉，愿意主动协调各相关利益方的关系，也更有能力回馈社会，履行社会责任。另外，从盈利的角度来看，盈利能力较强的企业一般财务压力比较小，所以在履行社会责任方面有更好的财务保障。因此，公司规模、盈利能力也可能会对企业履行社会责任产生一定影响，因此将其设为控制变量。

本章变量说明如表8–1所示。

表8–1　变量说明

变量		名称	计算式
被解释变量	*CSR*	企业社会责任	RKS社会责任报告评级得分
解释变量	*BS*	董事会规模	董事会人数
	ID	独立董事比例	独立董事人数占董事会总人数的比例
	SS	监事会规模	监事会人数
	MO	高管持股比例	高管持股占总股本的比例
	DR	债务融资	资产负债率 = 负债总额 / 资产总额
控制变量	*Size*	公司规模	总资产的自然对数
	ROE	盈利能力	净资产收益率 = 税后净利润 / 股东权益平均数

8.5.2 研究模型

参考国内外学者在探讨公司治理对企业社会责任信息披露的影响时采用的研究方法，本章构建以下三个实证模型。

验证公司内部治理与企业社会责任信息披露的关系：

$$CSR = a_0 + a_1BS + a_2ID + a_3SS + a_4MO + a_5Size + a_6ROE + \varepsilon \quad （模型一）$$

其中，a_0 表示常数项，a_1、a_2、a_3 等表示自变量的系数，ε 表示随机误差。

验证公司外部治理与企业社会责任信息披露的关系：

$$CSR = a_0 + a_1DR + a_2Size + a_3ROE + \varepsilon \quad （模型二）$$

其中，a_0 表示常数项，a_1、a_2、a_3 表示自变量的系数，ε 表示随机误差。

验证公司内外部治理与企业社会责任信息披露的关系：

$$CSR = a_0 + a_1BS + a_2ID + a_3SS + a_4MO + a_5DR + a_6Size + a_7ROE + \varepsilon \quad （模型三）$$

其中，a_0 表示常数项，a_1、a_2、a_3 等表示自变量的系数，ε 表示随机误差。

8.6 描述性统计分析

根据润灵环球每年发布的社会责任报告评级得分，手工筛选出沪深 A 股上市的公司，对 2015 年到 2017 年三年的社会责任评分进行描述性统计分析，分析结果如表 8-2 所示。根据表 8-2 可知，2015 年至 2017 年我国 A 股上市公司中披露社会责任报告的企业逐年增加，且 CSR 评分有升高的趋势，但这三年来均分仅为 43 分左右，由此可以看出我国上市公司整体的社会责任履行情况不够理想，仍有较大上升空间。同时极大值与极小值相差较多、标准差较大，说明我国上市公司在社会责任履行方面差异较大、表现良莠不齐，需采取相应的措施来改善这种情况。

表 8–2　描述统计量

	N	极小值	极大值	均值	标准差
@2015 年评级得分	605	19.87	89.30	43.6812	13.10262
@2016 年评级得分	605	20.63	87.04	43.5087	13.07693
@2017 年评级得分	605	16.96	86.55	44.1107	13.23158
有效的 *N*（列表状态）	605				

注：由于 2015—2017 年披露社会责任的公司数量在增加，所以在对这三年的总体情况进行分析时，为了更为精确地反映均值变化，选用了连续三年都在润灵环球进行社会责任披露的 520 家公司作为样本。而本章其他部分均只对 2017 年的情况进行研究，所以以 2017 年进行社会责任披露的 605 家公司作为样本。

对筛选出的在润灵环球进行社会责任信息披露，并在 CSMAR 披露信息的 A 股上市公司的数据进行描述性统计分析，得到表 8–3。由该表可知，在内部治理机制中，董事会规模平均为 9 人左右、独立董事比例平均为 38% 左右，均满足相关法律法规的要求，且两者标准差均不大，说明我国董事会规模及独立董事比例分布比较集中。监事会规模平均在 4 人左右，且标准差较小，说明监事会规模集中在 4 人上下。高管持股比例平均在 1.44% 上下。在外部治理环境方面，资产负债率平均为 0.54，且标准差非常小，整体的资产负债率比较高，财务杠杆效应显著，对社会责任的履行可能会产生比较大的影响。

表 8–3　描述统计量

	N	极小值	极大值	均值	标准差
CSR	605	16.96	86.55	43.9158	12.99667
BS	605	5	18	9.47	2.333
ID	605	10.00	66.67	37.5643	5.82419
SS	605	2	15	4.29	1.701

续表

	N	极小值	极大值	均值	标准差
MO	605	0.000000	77.993164	1.43569337	6.517535398
DR	605	0.038413	1.033967	0.53923314	0.210855855
有效的 *N*（列表状态）	605				

8.7 相关性分析

公司治理各项指标与企业社会责任的相关性如表 8–4 所示，从中可以看出：董事会规模、监事会规模与 *CSR* 在 1% 的水平上显著正相关，与假设 1 和假设 3 相符；独立董事比例与 *CSR* 在 5% 的水平上显著正相关，与假设 2 相符；而高管持股比例与 *CSR* 显著负相关，这一结果与假设 4 不相符；资产负债率与 *CSR* 正相关，与假设 5 不相符，需要进一步的回归分析来检验。另外，由表 8–4 可以看出公司规模也与 *CSR* 正相关且显著，并且根据相关性分析结果可以看出各解释变量之间不存在共线性问题。

表 8–4　公司治理各项指标与企业社会责任的相关性

变量	*CSR*	*BS*	*ID*	*SS*	*MO*	*DR*	*Size*	*ROE*
CSR	1	0.314**	0.091*	0.312**	–0.082*	0.270**	0.581**	0.101*
BS	0.314**	1	–0.351**	0.542**	–0.062	0.259**	0.395**	0.057
ID	0.091*	–0.351**	1	–0.092*	–0.023	0.009	0.082*	–0.073
SS	0.312**	0.542**	–0.092*	1	–0.131**	0.279**	0.416**	0.021
MO	–0.082*	–0.062	–0.023	–0.131**	1	–0.090*	–0.140**	0.030
DR	0.270**	0.259**	0.009	0.279**	–0.090*	1	0.619**	–0.216**
Size	0.581**	0.395**	0.082*	0.416**	–0.140**	0.619**	1	0.105**
ROE	0.101*	0	0	0	0	–0.216**	0.105**	1

注：** 表示在 0.01 的水平（双侧）上显著相关，* 表示在 0.05 的水平（双侧）上显著相关。

8.8　回归分析

本章从内部治理机制、外部治理环境和内外部公司治理整体情况三个角度分别构建回归模型进行分析，回归结果如表 8–5 所示。由该表可以看出，本章建立的三个模型调整的 R^2 分别为 0.351、0.347 和 0.360，且均在 1% 的水平上显著，模型拟合度较好，整体回归效果较好，且所有 VIF 值均小于 10，不存在共线性问题。另外可以看出，加入外部治理环境因素后的模型 3 调整的 R^2 略高于模型 1 和模型 2，由此说明加入外部治理环境相关因素整体分析公司治理对企业社会责任的影响时，其结果比仅仅分析内部治理结构更加全面，得出的结论更为可靠。

各个解释变量的具体分析结果如下：在公司内部治理机制中，董事会规模（*BS*）与企业社会责任（*CSR*）显著正相关，与假设 1 相符，说明较大的董事会规模能够给企业提供更全面有效的管理，确保公司各项机制高效运行，并能兼顾各方的权益。独立董事比例（*ID*）与企业社会责任（*CSR*）显著正相关，与假设 2 相符。由于独立董事是与其所受聘的上市公司及其主要股东之间不存在可能妨碍其进行独立客观判断的关系的董事，所以由此结果可以说明独立董事比例越高越能提供合理高效的管理，越能兼顾其他各方的权益，强化监督作用，因此独立董事对企业履行社会责任起到了实质性的推动和监督作用。监事会规模（*SS*）与企业社会责任（*CSR*）不相关，与假设 3 不符。结合描述性统计分析结果来看，我国相当一部分公司设立监事会可能仅仅是为了符合我国《公司法》第五十一条关于“有限责任公司设监事会，其成员不得少于三人”的规定，因此导致监事会不能有效地发挥其监督作用，从而与假设 3 不符。高管持股比例（*MO*）与企业社会责任（*CSR*）不相关，与假设 4 不符，但结合描述性统计分析结果来

表 8-5 回归分析

自变量	模型一				模型二				模型三			
	B	t	Sig	VIF	B	t	Sig	VIF	B	t	Sig	VIF
（常量）	-58.794**	-9.258	0.000		-66.726**	-9.993	0.000		-69.011**	-9.733	0.000	
BS	0.699**	2.869	0.004	1.779					0.686**	2.840	0.005	1.779
ID	0.227**	2.790	0.005	1.234					0.205*	2.531	0.012	1.243
SS	0.345	1.112	0.267	1.539					0.362	1.174	0.241	1.539
MO	0.006	0.083	0.934	1.030					0.008	0.124	0.901	1.030
DR					-8.978**	-3.246	0.001	1.863	-8.653**	-3.148	0.002	1.878
Size	3.596**	12.989	0.000	1.376	4.832**	15.233	0.000	1.795	4.260**	12.300	0.000	2.185
ROE	2.217	1.433	0.152	1.021	-0.061	-0.037	0.971	1.162	0.317	0.192	0.848	1.179
F	55.436				108.020				49.641			
调整的 R^2	0.351				0.347				0.360			
Sig	0.000				0.000				0.000			
因变量：*CSR*												

注：***、**、* 分别表示在 1%、5% 和 10% 的统计意义上显著。

看，样本中的高管持股比例均较小，均值只有 1.4%，且有一部分样本的高管持股比例甚至为 0，较低的高管持股比例可能导致该项指标在此次研究中的影响较小，不足以激励管理层从自身利益出发加强公司的各项管理，从而导致与假设 4 不符。

在外部治理环境中，债务融资（*DR*）与企业社会责任（*CSR*）显著负相关，假设 5 得到验证，由此说明资产负债率越高即债务融资比例越高，企业的负债比例越高，由于债务压力，企业更可能以增加利润或增加自由现金流为目标，从而忽略其他利益相关者的利益。

在内外部治理结合体制中，各变量与企业社会责任（*CSR*）的显著性与模型一、模型二相同，但调整的 R^2 比模型一、模型二稍高，由此说明内外部组合治理的效果更好。

8.9　结论及建议

8.9.1　结论

本章选取 2017 年在我国沪深 A 股上市，并在润灵环球披露了企业社会责任履行情况的公司作为研究样本，经过一系列的实证研究检验了公司内部治理机制和外部治理环境对企业履行社会责任的影响，并且根据研究结果发现董事会规模、独立董事比例与企业社会责任显著正相关，债务融资与企业社会责任显著负相关，而监事会规模、高管持股比例对企业社会责任没有显著影响。此外，对本章建立的三个模型进行对比发现，将公司外部治理因素和内部治理因素一起研究比仅仅研究公司内部治理因素对企业社会责任的影响效果更好、更为合理，因此说明从内外治理两方面共同探讨对企业社会责任信息披露的影响更有利于得出较为合理可靠的研究结果。

另外，从2015—2017年润灵环球发布的企业社会责任评分数据来看，我国A股上市公司中发布社会责任报告的企业每年都在增加，社会责任报告的评分也在逐年增加，说明企业社会责任履行水平有提升的趋势，但总体评分较低，仍存在着较大的进步空间。

8.9.2 建议

8.9.2.1 健全公司内部治理结构

由实证研究结果来看，董事会规模越大，独立董事比例越高，越有利于企业社会责任的积极披露，所以应合理地安排董事会规模以及独立董事所占比例，使董事会作用发挥到极致，从而提高其做出的决策的可靠性、合理性，兼顾多方权益；应重视监事会制度，严格把关监事资格的认定，督促监事正确无偏差地履行职责，并制定严格的监事奖惩制度，使监事会真正发挥监督作用而不是仅仅为符合国家规定而设立监事会；改善股权结构，可以尝试让高管持有更多股权，以使高管为了维护自身利益而更谨慎、全面地做出管理决策，从而改善公司的社会责任履行情况。

8.9.2.2 提升外部治理水平

维护市场的公平竞争，规范行业竞争，从而让各公司在竞争中共同进步，创造共赢局面；督促企业适当减少债务融资，以降低企业的债务压力；完善我国的相关法律法规，对企业履行社会责任做出规定，提供法律保障；通过新闻媒体和会计师事务所等对企业的社会责任履行情况进行披露，给企业一些舆论上的压力，督促企业积极履行社会责任。

8.9.2.3 融合企业社会责任和公司治理

将履行企业社会责任作为一项治理指标融入公司的治理机制中。现今社会的全面高速发展使得公司治理与企业社会责任的融合成为一种必然的趋势。人们对环境污染、食品安全等社会问题越来越关注，对职工权益的要求也越来越高，这些来自社会各界的压力都促使企业更加重视社会责任这一问题，重新审视公司治理模式，开始把履行社会责任融入公司的治理机制中。这将有利于企业和社会的共同发展进步。

第三部分　环境成本会计

第九章

环境成本会计核算

前文谈到企业有各种披露环境信息的动机，包括内部动机和外部动机，但企业到底如何披露环境信息，除了受到动机的影响外，还受到成本的影响。因此，本章对环境成本进行相关的介绍和阐述。

9.1 环境成本的概念

环境成本也称为环境降级成本，是指由于经济活动造成环境污染而使环境服务功能质量下降的代价。这种代价包括从资源开采、生产、运输、使用、回收到处理的各个环节，为了减少环境污染和保护生态系统所必须支付的费用。

环境成本管理研究旨在建立一套规范、科学的环境成本会计和控制体系，并将环境成本会计和控制体系纳入企业的成本管理体系中。对环境成本信息进行分析和应用的目的，就是要利用企业的环境成本数据，并与企业的环境负荷指标相结合，尽早地发现企业中存在的环境问题，同时对在环保上开展工作所需要付出的成本进行预测，从而为管理层在企业环境保护的重要领域中的决策提供依据。

9.2　环境成本管理的定义

环境成本管理是以企业生产成本管理为依据，把环境成本纳入公司管理预算的一部分，从而对生产安全寿命系统中所发生的环境成本费用有组织和规划地实施预防、控制、管理、考核、统计分析与评价等，实现全面的科学化控制。从企业经营的视角出发，工业环境的控制需要大量的检测、判断、管理、核算和分析，而从产品、工艺、操作的方面出发，则是全方位的管理。

9.3　环境成本的分类

按生产过程的不同阶段可分为事前环境成本、事中环境成本和事后环境成本。事前环境成本是为了减少对环境造成的污染而预先投入的费用，主要包括：研究、发展、建设和更新的成本，企业承担的社会环保公益项目的建设、维修、更新费用，企业环境保护部门的行政开支，等等。事中环境成本是指企业生产过程中发生的环境成本，包括耗减成本和恶化成本，其中：耗减成本是指企业在生产过程中所消耗的那部分环境资源的成本；恶化成本是指由于企业的生产污染而引起的成本上升的部分，例如环境破坏造成企业的成本上升，或者不能投产所产生的生产成本。事后环境成本包括恢复成本和再生成本，其中：恢复成本是指对由于生产活动而造成的破坏进行复原所发生的费用；再生成本是指企业在生产活动中对已利用的环境资源进行再循环的费用，例如造纸、化工等行业的污水处理费用。

按环境成本的形成可分成减少排放污染物的成本、防止环境破坏的成本、研究开发的成本、生态保护成本和其他成本。减少排放污染物的成本主要包括所产生废弃物的处理、再生利用系统的运营、对环境污染大的材料的替代、节能设施的运行等成本。防止环境破坏的成本包括环保设备的购置、职工的环境保护教育、环境污染的监测计量、环境管理体系的构筑和认证等成本。研究开发的成本主要指对生产工艺、材料采购路线和工厂废弃物回收再利用等进行研究开发的成本。生态保护成本包括企业周边的绿化、对企业所在地区环境活动的赞助、环境信息披露和环境广告等支出。其他环保方面的成本主要包括对企业生产活动造成的土壤污染、自然破坏进行修复的成本及支付的公害诉讼赔偿金、罚金等。

按环境成本分摊的期限可分为长期环境成本和短期环境成本。长期环境成本是指由于环保问题而导致的企业在一段时间内必须继续承担的一笔开支，比如每年向环保部门缴纳的排污费用。短期环境成本指的是企业为了解决环境问题而付出的一次性支出，例如购买环保设备和取得矿产资源的一次性支出。

9.4 环境成本会计的概念

环境成本会计是指在会计体系中将环境保护与可持续发展所产生的成本纳入考虑的一种会计方法。它的目的是通过识别、计量和报告与环境相关的成本，帮助企业更好地了解和管理其环境责任，并提供有关环境绩效的信息。环境成本包括企业为保护环境和遵守环境法规而发生的直接和间接成本。直接成本包括与环境保护直接相关的费用，如环境清洁、废物处理和污染控制的费用。间接成本则包括与环境保护间接相关的费用，如培训员工、研发环保技术和管理环境风险的费用。

环境成本会计主要涉及以下几个方面。①识别成本：企业需要确定与环境保护相关的成本，包括直接成本和间接成本。这需要对企业的各项活动进行分析，确定与环境保护相关的费用项目。②计量成本：确定环境成本的计量方法是环境成本会计的关键。计量方法应该能够准确地反映企业的环境成本，并与财务会计体系相协调。③分配成本：环境成本可能涉及多个部门或项目，因此需要进行适当的成本分配，以反映各个部门或项目对环境成本的贡献程度。④报告成本：环境成本应该以适当的方式报告给利益相关方，如管理层、股东和监管机构。社会责任报告应该清晰地展示企业的环境责任和绩效，并提供可比较的信息。披露环境信息就属于报告成本。

通过环境成本会计，企业可以更好地了解其环境保护活动的成本和效果，有助于制定和改进环境管理策略，并提高企业的可持续发展能力。此外，环境成本会计还可以增强企业的社会责任感，提升企业形象和声誉。

9.5　环境成本会计核算

9.5.1　环境成本会计核算的概念

环境成本会计核算是指将环境成本纳入企业的会计体系中，进行计量、分配和报告的过程。环境成本会计核算一般包括如下步骤。①确定环境成本会计核算的范围和内容，这包括确定哪些成本项目与环境保护相关，并对其进行分类和归集；对环境成本进行识别和计量，这需要分析企业的各项活动，确定与环境保护直接相关的成本和间接相关的成本，并按照适当的计量方法进行计量。计量时可以基于实际支出、市场价格、成本估算或者采用其他适用的方法。②将环境成本分配到相关的部门、项目或产品上。这可以根据成本产生的原因、资源使用情况或其他适当的依据进行分配。分配的目的是反映各个部门或项目对环境成本的贡献程度。③将环境成本以适当的方式报告给内部和外部利益相关方。内部报告可以面向管理层、部门经理等，用于内部决策和绩效评估。外部报告可以包括财务报表附注、可持续发展报告等，向股东、投资者和监管机构提供有关企业环境责任和绩效的信息。④建立监控机制，定期评估环境成本的核算和报告过程，确保其准确性和可靠性。监控和评估的结果可以用于改进环境成本会计核算方法和提升环境绩效管理。

环境成本会计核算可以帮助企业更好地了解和管理其环境责任，提供有关环境绩效的信息，并促进企业的可持续发展。对于特定行业或国家来说，可能还存在特定的环境成本会计准则或指南，企业可以依据这些准则或指南进行环境成本会计核算。

9.5.2 环境成本的识别与计量

环境成本可以分为直接成本和间接成本两类。直接成本是与特定环境活动或项目直接相关的成本，例如污染物处理设备的购置费用、环境保护所需培训人员的工资等。间接成本是与多个环境活动或项目相关的成本，难以直接归属到特定活动或项目上，例如环境管理系统的维护费用、环境监测设备的维修费用等。

环境成本的计量可以根据实际情况选择适合的方法，常见的几种方法有实际成本计量、标准成本计量和估算成本计量。实际成本计量是根据实际发生的费用进行计量，包括直接成本和间接成本。标准成本计量则是基于事先设定的标准成本进行计量，适用于重复性和标准化的环境活动。当实际成本无法准确获取时，则使用估算成本计量，即估算或通过模型推算环境成本，例如环境损害的估算成本。

9.5.3 环境成本的分析与分配

环境成本分析是对环境成本进行系统评估和分析的过程，以了解其组成和变动趋势。成本行为分析是常用的分析方法，通过研究成本与环境活动之间的关系，确定环境成本的变动规律和影响因素。

环境成本分配是将间接成本合理地分摊到各个环境活动或项目上的过程。活动基础成本分配是一种常用的方法，根据活动的资源消耗或活动产生的环境影响的程度，将间接成本分配给相应的活动。

9.5.4　环境成本的报告与披露

环境成本可以通过多种报告方式进行披露，包括财务报表附注和可持续发展报告等。企业可以在财务报表附注中披露相关的环境成本信息，包括环境成本的金额、计量方法和影响因素等。可持续发展报告是企业对可持续发展绩效进行全面披露的重要方式，环境成本信息可以作为其中的一部分进行披露。

根据相关的法规和准则，企业需要遵守一定的环境成本披露要求。例如，国际财务报告准则（IFRS）要求企业在财务报表附注中披露与环境保护有关的信息，如环境成本的计量方法和相关风险等。企业应根据法规要求和利益相关方的期望，合理披露环境成本信息，提升透明度和可持续发展绩效。

9.6　环境成本会计的目的和意义

环境成本会计作为一种特殊的会计方法，将环境成本纳入考虑，并提供相关信息以支持环境责任管理、决策制定和信息披露，因此环境成本会计在提高企业竞争力、改善环境绩效和塑造企业形象等方面具有重要作用。

环境成本会计可以帮助企业识别、计量和监控与环境保护相关的成本，从而更好地管理环境责任，并确保企业遵守环境法规和标准。

通过提供环境成本的信息和数据，环境成本会计能够为企业的决策制定提供支持，例如在产品设计、供应链管理和投资决策中考虑环境成本因素。环境成本会计为企业提供了相关的环境成本信息，可以满足内部和外部利益相关方的信息需求。

通过环境成本会计，企业可以全面了解和管理其环境成本，有助于识别成本，达到节约的目的，从而优化资源利用，提高效率，增强企业的竞争力。环境成本会计的应用还能促使企业更加关注环境绩效，通过减少污染、节能减排等环境改善措施，降低环境成本，实现可持续发展的目标。企业可以通过主动采取环境保护措施并进行环境成本会计的披露来树立良好的形象，增强消费者等利益相关方对企业的信任和支持。

通过合理应用环境成本会计，企业可以更好地管理环境成本，推动可持续发展，同时满足利益相关方的需求和期望。然而，为了实现环境成本会计的最大效益，企业需要充分认识其重要性，建立适当的内部控制和管理机制，并与外部利益相关方进行有效的沟通和合作。

9.7 环境成本会计的挑战和应对建议

环境成本会计在实施过程中面临着多重挑战。首先，环境成本的识别和计量是环境成本会计的核心挑战之一。环境成本通常是与多个活动和过程相关联的，而将这些成本准确地归到特定的项目或产品上并不容易。此外，一些环境成本可能是隐性的或间接的，如环境管理系统的建立和维护成本，这增加了计量的复杂性。其次，环境成本会计需要可靠和详细的数据来支持，而企业可能面临数据获取的困难，尤其是对间接环境成本数据的获取和整合。此外，环境成本数据可能涉及多个部门和业务单位，需要协调和整合不同数据源的信息。

那该如何应对环境成本会计所面临的挑战呢？首先，企业应制定准确的计量方法来识别和计量环境成本，包括制定明确的成本分类和归集标准，以确保各项环境成本得到全面考虑。同时，采用适当的计量方法，如基于实际支出、市场价格或成本估算等，以获得可靠的环境成本数据。其次，企业应该改进其数据收集和管理系统，以便更好地获取和整合环境成本数据，例如建立专门的数据收集程序和系统，提高数据采集的精确性和可靠性。同时利用信息技术和数据分析工具，如企业资源规划系统（ERP）和数据仓库，以更好地管理和分析环境成本数据。再次，企业应建立强有力的内部控制和管理机制，形成明确的责任分工、审查程序和核查机制，以确保环境成本的正确识别、计量和报告，确保环境成本会计的准确性和可靠性。最后，企业应积极与外部利益相关方进行沟通和合作，以应对环境成本会计实施中的挑战。企业如果能与供应商、客户、政府监管机构和非政府组织等建立长久良好的合作关系，共享信息和经验，那么对于推动环境成本会计的发展和实施将具有十分重要的作用。

通过采取这些策略和方法，企业能够更好地实施环境成本会计，提高环境绩效，实现可持续发展的目标。

第十章

环境成本会计的案例分析

10.1 研究背景

随着工业文明的发展，人类对自然资源的滥用和破坏，经济增长与资源环境之间的矛盾日益激化，给人类的生存和发展带来了严峻的挑战。面对当今世界的挑战，必须加快推进生态文明的发展，并开启一股前所未有的低碳风暴。随着全球绿色经济的不断发展，环境成本核算方法已成为各国政府和企业关注的焦点，环境成本会计这一新兴的学科应运而生。传统的会计制度，无论是在对公司的监管还是对公司的成本度量上，都有很大的缺陷。在此基础上，本章提出的一种环境成本费用核算方法弥补了这些缺陷。但是，相对于传统的会计方法，环境成本费用的核算具有较强的理论基础。在进行环境成本费用核算的过程中，能够体现出企业在外部环境中所发挥的作用。

当前，我国的环境成本费用核算还存在着一定的缺陷。尽管我国近年来一直在积极地、持续地推进有关立法程序，并且制定和颁布了许多与环境保护有关的法律法规，但是，到目前为止，我国还没有建立起一套完善、行之有效的法制体系，而且，有关环境成本会计方面的法律法规更是一片空白。与传统的会计体系相比，新型的环境成本费用核算体系缺乏清晰、可操作性强的准则。在实践中，推行低碳会计缺乏一套严谨而行之有效的法律依据。在绿色低碳经济发展的时代，会计活动作为管理的一个重要组成部分，应该更好地与新的低碳目标相适应，为企业的低碳发展提供一种系统化的思维方式和一种高效的工具，在帮助企业实现低碳发展的过程中起到至关重要的作用。我国的低碳会计发展还处在初级阶段，国内尚无过多可借鉴的经验，因此，应参考国外的先进经验，结合我国的实际情况，建立一套适合我国国情的环境成本会计核算理论体系。

10.2　研究目的和意义

从改革开放至今，我国经济实现了持续增长，取得了有目共睹的发展成绩，但是其直接带来的社会问题也日趋明显，尤其突出的是环境问题。在各类企业中，煤电、煤炭企业虽然促进了社会经济的飞速发展，但同时也带来了许多的有害颗粒物，造成了大气污染。近年来全球变暖也有部分源于此。所以，在促进经济发展的同时，也要注意环境问题，要以低碳经济的视角来研究企业的环境成本会计核算，从成本上抑制部分环境污染。当今世界上绝大多数的二氧化碳排放来源于化石能源，而 2022 年，中国的二氧化碳排放量达到 105.50 亿吨，在全球的占比为 30.69%（冉江宗，2023）。目前，环境成本费用核算在我国煤炭企业的竞争中已经产生了一定的影响，并起着决定性的作用。

2021 年以来，国务院、国家发展改革委、国家能源局、国家矿山安全监察局等多部门相继发布了支持和规范煤炭行业发展的政策，这些政策的内容包括了煤炭行业历年的发展目标、煤炭开采的安全性建设、煤炭的清洁与智能化利用等。当前，我国煤炭工业正处在一个高质量发展时期，为响应国家“3060”双碳战略，正积极促进优质产能的开发、落后产能的淘汰，逐步实现“绿色低碳”的转型。此外，随着近几年有关部门对“基准价 + 上浮下浮”的长期煤价形成机制的探索，我国煤价的弹性将会逐步减弱。

根据有关政策以及时代的号召，煤炭企业必须加强环境治理，控制环境成本，将企业提升为优质产能企业。实现“3060”的目标，是党在长期奋斗中做出的一项重要战略决定，它关系到中华民族的长远发展。倡导节能减排，发展低碳经济，这是与时代趋势相一致的，因此，做好环境成本的会计核算，对企业的可持续发展、经济社会的文明进步都有影响。

10.3 国内外研究现状

10.3.1 国外研究现状

国外对环境成本会计的研究已经有较长一段时间，他们的研究也较为完整。Gale（2001）认为环境成本管理提供了一种将环境因素纳入企业决策的综合手段。将内部环境因素纳入会计核算，将有助于企业最大限度地提高其盈利能力。通过考虑大量的外部环境成本，特别是在将来可能需要内部化这些成本的基础上，公司可以提前规划使其长期盈利能力最大化。Luo（2021）认为煤炭企业的发展仍存在结构不合理、技术水平低、安全事故多、资源浪费严重、环境治理滞后等问题。传统的煤炭企业管理模式已经不能适应当前的社会发展。煤炭企业可以借助“互联网 +”实现变革和升级，进行环境成本会计核算，这是一种基于云计算的煤炭企业的信息化解决方案。

10.3.2 国内研究现状

国内学者在环境成本理论的基础上提出需要结合中国自己的国情来解决问题。车小丽（2019）提出在中国目前的情况下，要从多个方面对煤炭公司的环境成本进行分析，并分析了如何强化煤炭公司的环境成本核算。企业特别是煤炭企业要实现可持续发展，不仅要注重物质经济的发展，也要确保低碳经济的同步发展。李江山和贾新丽（2020）指出，在“低碳”“绿色”的战略背景下，应充分考虑我国的经济与社会发展趋势，并结合中国当前的现实，对我国煤炭企业环境成本核算的现状与特征进行深入的研究，并就如何强化与改进我国的环境成本核算提出相应的建议。王亚飞（2021）认为企业应在可持续发展思想和循环经济思想的指引下，通过节能减排、循环经济等方式来减少环境费用，使其在生产经营中的财务表现与环境表现相结合，始终保持绿色、低碳发展，坚定不移地探索出一条绿色发展、生态环保的新道路，为建立一个资源节约型和环境友好型社会而奋斗。

10.3.3 国内外文献评述

可以看出，国内外的一些学者已经对企业环境成本的定义、分类、计量及其信息披露有了不同程度的研究，并取得了一定的成果，而且已经实行了一定的准则。但是对于环境成本会计还缺乏更深层次的研究，以及实践性的研究。笔者认为目前对环境成本会计的研究应重点把握两个方面：一是环境成本会计基本理论框架的构建，这对企业环境成本管理实务具有指导作用；二是环境成本会计的具体案例分析，只有理论落实到实际，才能显示价值。

10.4 B公司环境成本现状分析

10.4.1 排污信息研究

B公司没有将环境成本单独分离出来进行统一核算，所以需要从其他有关方面对B公司的环境成本现状进行分析。B公司的环境信息数据来源于其子公司。

从表10–1至表10–3中可以得知B公司的排污信息，主要是三个子公司占大头，并且主要污染物和特征污染物均为二氧化硫、氮氧化物、烟尘，三个子公司在排放口数量上有所区别，排放总量上2019年子公司1占比最多，2020—2021年子公司2占比最多。

表10–1 2021年B公司排污信息

单位名称	主要污染物及特征污染物的名称	排放口数量	排放总量
子公司1	二氧化硫、氮氧化物、烟尘	1个	二氧化硫10.8吨、氮氧化物44.2吨、烟尘5.0吨
子公司2	二氧化硫、氮氧化物、烟尘	2个（一用一备）	二氧化硫44.5吨、氮氧化物90.3吨、烟尘9.6吨
子公司3	二氧化硫、氮氧化物、烟尘	1个	二氧化硫15吨、氮氧化物38.99吨、烟尘4.6吨

表10–2 2020年B公司排污信息

单位名称	主要污染物及特征污染物的名称	排放口数量	排放总量
子公司1	二氧化硫、氮氧化物、烟尘	1个	二氧化硫9.1吨、氮氧化物49.6吨、烟尘2.5吨

续表

单位名称	主要污染物及特征污染物的名称	排放口数量	排放总量
子公司 2	二氧化硫、氮氧化物、烟尘	2 个（一用一备）	二氧化硫 44.5 吨、氮氧化物 90.3 吨、烟尘 9.6 吨
子公司 3	二氧化硫、氮氧化物、烟尘	1 个	二氧化硫 16.21 吨、氮氧化物 44.22 吨、烟尘 6.83 吨

表 10–3　2019 年 B 公司排污信息

单位名称	主要污染物及特征污染物的名称	排放口数量	排放总量
子公司 1	二氧化硫、氮氧化物、烟尘	1 个	二氧化硫 40.517 吨、氮氧化物 95.816 吨、烟尘 5.784 吨
子公司 2	二氧化硫、氮氧化物、烟尘	2 个（一用一备）	二氧化硫 24.5 吨、氮氧化物 59.3 吨、烟尘 6.8 吨
子公司 3	二氧化硫、氮氧化物、烟尘	1 个	二氧化硫 12.5 吨、氮氧化物 35 吨、烟尘 2.85 吨

根据 2019—2021 年子公司排污信息以及表 10–4 可知：B 公司 2019 年二氧化硫的排放总量为 77.517 吨，氮氧化物的排放总量为 190.116 吨，烟尘的排放总量为 15.434 吨；2020 年二氧化硫的排放总量为 69.81 吨，氮氧化物的排放总量为 184.12 吨，烟尘的排放总量为 19.83 吨；2021 年二氧化硫的排放总量为 70.3 吨，氮氧化物的排放总量为 173.49 吨，烟尘的排放总量为 19.2 吨。B 公司 2019 年到 2020 年二氧化硫的排放总量呈现下降趋势，但是 2020 年到 2021 年二氧化硫的排放总量却有少许上升，烟尘的排放总量在 2019 年到 2020 年呈现一个急剧上升的趋势，之后逐步趋于平缓，而氮氧化物的排放总量是一直在下降的。

表 10-4　B 公司 2019—2021 年污染物排放总量

单位：吨

污染物	2019 年	2020 年	2021 年
二氧化硫	77.517	69.81	70.3
氮氧化物	190.116	184.12	173.49
烟尘	15.434	19.83	19.2

由此可以看出，企业在环境污染的治理上花费了一定的资金，B 公司也在公告以及财报中进行了一定的说明，公司增加了部分减少环境污染排放物的设备，减少了大部分污染排放。在 B 公司财务报表的固定资产中，并未具体解释环境治理方面使用的相关设备的具体费用，所以还需要从其他方面进行核算。

10.4.2　煤炭销售收入成本率研究

煤炭销售收入成本率可以反映 B 公司煤炭每单位销售收入所需的成本支出。由表 10-5 可以看出，2019 年 B 公司煤炭销售收入成本率为 54.65%，2020 年 B 公司煤炭销售收入成本率为 61.99%，2021 年 B 公司煤炭销售收入成本率为 57.88%。从 2019 年到 2020 年，销售收入成本率急剧上升，说明在 2020 年 B 公司的生产耗费成本较多，到 2021 年时，销售收入成本率又降至 57.88%，表明 2021 年 B 公司进行了一定的成本会计管理，收入中的投入有所减少。

表 10-5　B 公司 2019—2021 年销售成本、销售收入净额以及销售收入成本率

项目	2019 年	2020 年	2021 年
销售成本 / 亿元	3.0334	2.7880	3.4341
销售收入净额 / 亿元	5.5503	4.4977	5.9328
销售收入成本率 /%	54.65	61.99	57.88

10.4.3　煤炭成本费用利润率研究

煤炭成本费用利润率可以反映B公司单位成本费用支出所能获利的程度，它体现了B公司经营耗费所带来的经营成果。由表10–6可以看出，B公司2019年的成本费用利润率为30.18%，2020年的成本费用利润率为21.04%，2021年的成本费用利润率为29.91%，2019年至2020年成本费用利润率是下降的，但是2020年到2021年却有所回升，说明B公司2020年利润出现了下降，经济效益不好，主要是由于B公司当时成本增加过快，可以从财报中发现它增加了人工、生产、材料方面的成本，利润也有下降，但是在2021年时采取了一定的措施，使得经济效益有所回升。

表10–6　B公司2019—2021年利润总额、成本费用总额以及成本费用利润率

项目	2019年	2020年	2021年
利润总额/亿元	13.8278	9.1755	15.5723
成本费用总额/亿元	45.8151	43.7053	52.0725
成本费用利润率/%	30.18	21.04	29.91

10.4.4　煤炭存货周转率研究

煤炭存货周转率是衡量和评价B公司购入存货、投入生产、销售收回等各环节管理效率的综合性指标。从表10–7可看出，B公司2019年的存货周转率为7064.73次，2020年的存货周转率为7272.54次，2021年的存货周转率为8247.71次，呈现逐步上升的趋势，说明B公司每一年资产的变现能力都在加强，存货以及占用在存货上面的资金的周转速度也越来越快。这进一步反映了B公司并未盲目多生产，而是相对于销售量控制了煤炭的生产成本。

表 10-7　B 公司 2019—2021 年销售成本、平均存货以及存货周转率

项目	2019 年	2020 年	2021 年
销售成本 / 亿元	30.3343	27.8797	34.3408
平均存货 / 万元	42.9376	38.3355	41.6367
存货周转率 / 次	7064.73	7272.54	8247.71

10.4.5　研发费用研究

根据 B 公司 2019 年到 2021 年的公告可以知晓，在这三年期间，B 公司都有在减少环境污染方面下功夫，研发相关仪器。由表 10-8 可知，B 公司研发费用占营业总成本的比重本来从 2019 年的 5.62% 下降到了 2020 年的 4.14%，但是相关政策出台后，B 公司也意识到了环境污染治理的重要性，增加了在环境污染治理研发方面的支出，研发费用占营业总成本的比重升至了 2021 年的 5.43%，大大提高了 B 公司的环境成本。

表 10-8　B 公司 2019—2021 年研发费用情况

项目	2019 年	2020 年	2021 年
研发费用 / 亿元	2.5767	1.8082	2.8281
营业总成本 / 亿元	45.8151	43.7053	52.0725
研发费用占营业总成本的比重 /%	5.62	4.14	5.43

10.5　B 公司和 C 公司环境成本比较研究

为了更好地研究和评价 B 公司的环境成本问题，本章选取了 C 公司作为对比公司，进一步进行环境成本方面的研究。C 公司主营煤炭

的生产及销售，兼营煤炭相关物资和设备的采购与销售等贸易业务。C 公司拥有生产矿井 6 对，年煤炭生产能力近千万吨。主导产品为中灰、低硫、高发热量、可磨性好的贫煤、贫瘦煤和无烟煤，是优质的工业动力煤。除主营业务外，C 公司还在物资供销、铁路运输等领域投资成立了控股公司。B 公司和 C 公司均未编制环境成本确认范围表，所以需要从其他方面进行对比。

10.5.1　内部因素

10.5.1.1　排污信息

B 公司和 C 公司的排污信息分别如图 10–1、图 10–2 所示。

废气排污费征收额 =0.6 元 × 污染物的污染当量数之和

由于两个企业的污染物是不同的，所以 B 公司的污染当量数之和为二氧化硫、氮氧化物和烟尘的污染当量数之和，C 公司的污染当量数之和为化学需氧量、氨氮以及氮氧化物的污染当量数之和。

某污染物的污染当量数 = 该污染物的排放量（千克）/ 该污染物的污染当量值（千克）

根据相关法规及资料，化学需氧量的污染当量值为 1 千克，二氧化硫的污染当量值为 0.95 千克，氮氧化物的污染当量值为 0.95 千克，烟尘的污染当量值为 2.18 千克，氨氮的污染当量值为 0.8 千克。

所以根据公式以及图 10–1，2021 年 B 公司三项污染物的污染当量数之和为：

70300/0.95 + 173490/0.95 + 19200/2.18 = 265428.39

所以，2021 年 B 公司废气排污费征收额为：

265428.39 × 0.6 = 159257.034（元）

同理，可以得出 2020 年、2019 年 B 公司的废气排污费征收额。

2020 年 B 公司废气排污费征收额为：

（69810/0.95 + 184120/0.95 + 19830/2.18）× 0.6 = 165834.64（元）

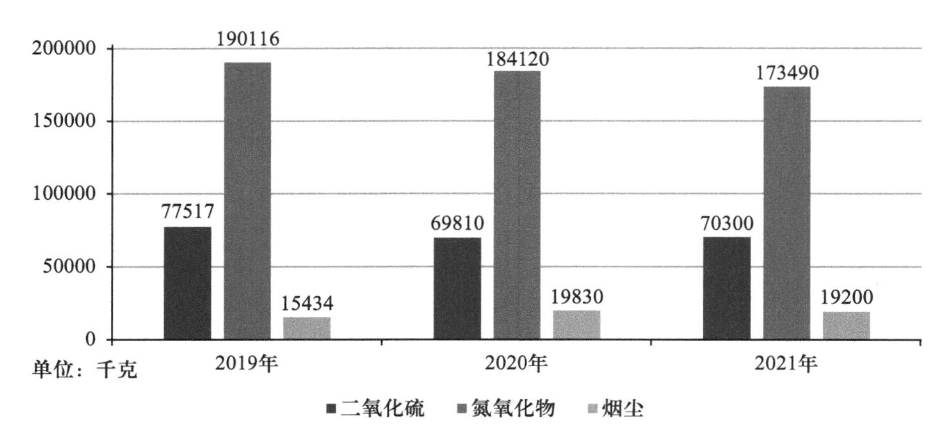

图 10-1　B 公司 2019—2021 年污染物

资料来源：B 公司的年度财务报表。

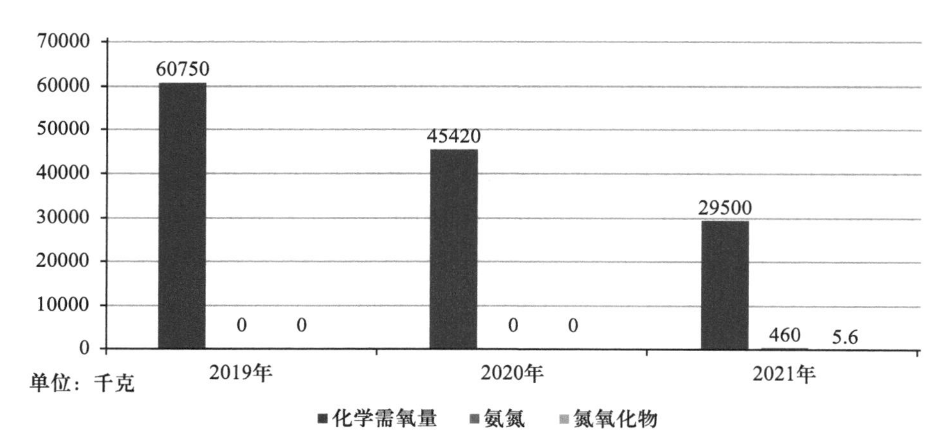

图 10-2　C 公司 2019—2021 年污染物

资料来源：C 公司的年度财务报表。

2019 年 B 公司废气排污费征收额为：

（77517/0.95 + 190116/0.95 + 15434/2.18）× 0.6 = 173279.26（元）

根据公式以及图 10-2，2021 年 C 公司三项污染物的污染当量数之和为：

29500/1 + 460/0.8 + 5.6/0.95 = 30080.89

所以，2021 年 C 公司废气排污费征收额为：

30080.89 × 0.6 = 18048.53（元）

同理，也可以得出2020年、2019年C公司的废气排污费征收额。

2020年C公司废气排污费征收额为：

$45420 \times 0.6 = 27252$（元）

2019年C公司废气排污费征收额为：

$60750 \times 0.6 = 36450$（元）

由表10-9可以看出，B公司的排污总量从2019年开始上升，2020年达到273.76吨，在2021年时又有所下降，但是根据其排污费来看，B公司的排污费在2019年到2021年一直在减少。排污总数量是看不出大变化的，原因主要是污染当量值小的污染物，其排放量减少了，同时污染当量值大的污染物其排放量在增加，进一步导致了2021年B公司的排污费减少。而C公司的排污总量以及排污费都在持续下降。可见，两个企业都在环境成本方面进行了一定的研究，并且卓有成效。

表10-9　2019—2021年B公司和C公司废气排污总数量和排污费

项目	2019年	2020年	2021年
B公司排污总数量/吨	283.067	273.76	262.99
B公司排污费/元	173279.26	165834.64	159257.034
C公司排污总数量/吨	60.75	45.42	29.9656
C公司排污费/元	36450	27252	18048.53

根据两个企业的财报可知，排污费并未明确说明是放在哪个科目，一般来说，煤炭企业的排污费是放到管理科目里面的，所以表10-10计算了排污费占营业总成本的比重。由表10-10可以看出，B公司2019年和2020年排污费占营业总成本的比重是差不多的，但是在2021年时就有了明显的下降，下降到了0.0031%。而C公司排污费占营业总成本的比重从2019年到2021年是在持续下降的。

表 10–10　2019—2021 年 B 公司和 C 公司排污费占营业总成本的比重

项目	2019 年	2020 年	2021 年
B 公司排污费 / 万元	17.3279	16.5587	15.9257
B 公司营业总成本 / 亿元	45.8151	43.7053	52.0725
B 公司排污费占营业总成本的比重 /%	0.0038	0.0038	0.0031
C 公司排污费 / 万元	3.6450	2.7252	1.8049
C 公司营业总成本 / 亿元	35.9914	33.7811	32.5789
C 公司排污费占营业总成本的比重 /%	0.0010	0.0008	0.0006

根据表 10–10 可知，2019 年到 2021 年 C 公司的排污费比 B 公司每年都少许多，并且排污费占营业总成本的比重也比 B 公司少很多，不仅是因为 B 公司的排污主要来源于其三个子公司，还因为 B 公司的排放口数量以及排放量大于 C 公司。排污费的减少，污染物总数量的减少，排污费占营业总成本比重的减少，根本原因在于企业在成本方面产生需求，需要降低成本，提高效益，另一个是企业产生响应国家政策的需求，如 2020 年 9 月 22 日，习近平主席宣布，我国要争取在 2060 年之前实现碳中和这一目标。

10.5.1.2　销售产量比重和研发费用

根据两个企业 2019—2021 年的财务报表可知，两个企业都没有对环境成本编制专门的表格。但是在成本方面列举了表格，编制了成本分析表，所以只能大致从成本方面对环境成本进行分析。

从表 10–11 可知，B 公司煤炭销量占煤炭产量的比重在 2019 年到 2020 年是上升的，说明煤炭的库存量在减少，成本也在降低，但是在 2021 年时，煤炭销量占煤炭产量的比重下降到了 93.56%。而 C 公司煤炭销量占煤炭产量的比重是在不断上升的，说明企业的煤炭库存量在不断减少，盈利能力不断增强，没有多余的成本。根据国家相关政策，两家公司都在环境减污方面投入了一定的资金，但在销量与产量的占比上，B 公司就没有 C 公司采取的措施有效，B 公司应当采取一定的措施，提高自己的销量，根据销量制定产量规划，减少剩余库存，进一步减少自己的成本。

表 10-11　2019—2021 年 B 公司和 C 公司煤炭销量占产量的比重

项目	2019 年	2020 年	2021 年
B 公司煤炭产量 / 吨	8668391.34	7166504.28	7902483.64
B 公司煤炭销量 / 吨	8370081.84	7325658.20	7393526.40
B 公司煤炭销量占产量的比重 /%	96.56	102.22	93.56
C 公司煤炭产量 / 吨	7212038.00	7105185.00	5107966.00
C 公司煤炭销量 / 吨	7117081.45	7160798.07	5382518.79
C 公司煤炭销量占产量的比重 /%	98.68	100.78	105.37

从表 10-12 中可以发现，B 公司的研发费用 2019 年为 2.5767 亿元，2020 年为 1.8202 亿元，有了部分下降，但是在 2021 年时又有了上升的趋势，甚至比 2019 年的研发费用还要多。而 C 公司的研发费用从 2019 年的 266.7258 万元增加到 2021 年的 1155.4993 万元，呈现一个不断上升的趋势。两个公司都在研发费用上加大了投入，从而提升了环境污染治理的效率，从根本上控制了环境管理的成本。同时可以看出 B 公司的研发费用高于 C 公司，这不仅是由于 B 公司大于 C 公司，也由于其不同的煤炭产量与销量。通过两个公司的财报说明可以了解到，C 公司的研发费用主要用于防治污染，开展清洁生产和绿色矿山建设。B 公司的研发费用主要用于自然灾害的治理，确保井下安全生产，同时 B 公司也有一定的防治污染的投入，如采用石灰石 - 石膏湿法脱硫工艺、SCR+SNCR 和低氮优化燃烧改造工艺、电袋复合除尘工艺等。B 公司在事前从根本上对环境成本进行了一定的控制，但是在发展的过程中，对环境成本的投入过大，占比不均。

表 10-12　2019—2021 年 B 公司和 C 公司研发费用

研发费用	2019 年	2020 年	2021 年
B 公司 / 亿元	2.5767	1.8082	2.8281
C 公司 / 万元	266.7258	981.8804	1155.4993

10.5.2 外部因素

环境保护税主要针对污染和破坏环境的特定行为征收，一般可以从排污主体、排污行为、应税污染物三方面来判断是否需要缴纳环境保护税。

根据图 10–3 可知，C 公司 2020 年的环境保护税较 2019 年有明显的提升，从 1138.62 万元提升到了 1563.42 万元，2021 年又下降到了 1096.38 万元，而 B 公司从 2019 年至 2021 年，环境保护税都在增加，尤其是 2021 年，环境保护税直接上涨到了 147.91 万元。可见 C 公司的环境保护税过多，虽然在政策的引领下，以及在自身的控制下减少了一些，但还是微不足道。从环境保护税来看，B 公司需要控制排放量，对其污染排放进行有效的规划，减轻环境成本中税收方面的因素。

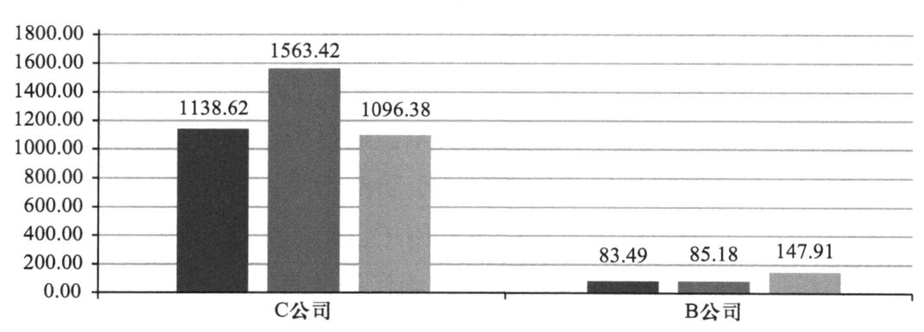

图 10–3　2019—2021 年 B 公司和 C 公司环境保护税

资料来源：两家企业的年度财务报表。

总的来说，B 公司环境成本方面的问题较 C 公司少了许多，C 公司的环境保护税过多，所以 C 公司要在环境保护税方面进行一定的控制，减少环境保护税，从而降低环境成本，而 B 公司的排污费过多，需要采取一定的措施控制自己的排污量，例如更换设备等。

10.6 B公司环境成本优化措施

10.6.1 构建合理的环境成本核算体系

2020年9月22日，习近平主席在第七十五届联合国大会上郑重宣告中国将在2030年实现碳达峰，争取到2060年实现碳中和。这样的承诺，既能有力推动《巴黎协定》的执行，又能彰显大国的责任，还能让中国在未来三十年内，实现欧美发达国家50~70年才能实现的目标。碳排放与化石能源的消耗有着密切的关系，根据计算，碳排放的每年下降率需要高达8%，而在目前正处于高质量发展的时期，经济的长远发展趋势不会发生变化的情况下，还将继续消耗大量的化石能源来保持经济的增长。

虽然当前国家大力推广绿色开发，但是目前我国仍然存在许多问题，我国的煤炭企业目前还没有形成环境成本核算的意识，原因主要在于我国并没有制定相关的环境成本管理体系。没有企业第一个去做，其他企业也不会花费精力和时间去培养这方面的人才，所以需要建立完善的环境成本核算体系，这样才能对企业起到监督作用。B公司并未在环境成本方面单独进行核算，也是源于没有完善的环境成本核算体系。因此，制定环境成本会计核算的具体准则不仅能够帮助国家更好地管理企业，也能够帮助企业控制环境成本，提高效益，实现发展。

10.6.2 加强与其他学科领域的合作

在我国学术界和实践中，人们一般都认为，在对资源和环境费用进行会计处理时，应加强与其他专业人员的沟通和协作，借助各个专业人员的工作，把财务工作做得更好。例如，在环境成本核算中，运用检测技术、环境工程技术等，对所获取的环境成本信息进行分析。由于这种方法需要运用很多专业知识，因此，在实际工作中也是相当麻烦的。尽管技术革新为计算环境费用提供了更多更有效的证据来源，但是受自身知识储备的限制，会计人员在进行核算时，可能要依靠其他领域专家的工作来完成。

而有些高等的专业科目，会计人员基本上是无法完全掌握的，这就需要企业在进行环境成本核算时主动寻求更多的帮助，通过其他领域专业人士的协助，或是直接依靠有关领域专家的工作，来更有效、更精确地进行企业的环境成本核算。对于环境成本核算人员来说，要想在各个专业中都拥有相应的技术和知识储备是非常困难的。过于注重专业背景，对成本核算工作的推进是不利的，还会使会计人员的工作热情受到影响，从而使他们的工作效率下降。为此，可以从外聘专家、建设外聘专家资料库、引进外聘智囊团等方面入手，来弥补专业知识的不足。在培养会计人员职业竞争力的时候，要注意对会计人员的知识体系进行更新，并借助外部的专家系统。无论是从内部还是外部入手，都可以促进环境成本核算的深化。

10.6.3 强化外部监管和奖惩机制

根据市场经济的原理，环境保护比较难以获得直接收益，这也是许多公司并未积极地参与到生态补偿和保护等活动之中的原因。所以，现阶段我国迫切需要贯彻落实生态保护者的利益原则，这是构建生态补偿制度下环境成本会计体系的首要前提。通过运用“无形的手”，可以有效地解决当前我国证券市场中出现的激励与惩罚机制失效的问题。

在市场中，应利用政府的权威，使那些能够依法、合规地测量和公开环境费用的企业获益。比如，给他们提供一些政府补助和税收减免。对于主动引入和安装节能减排设备，进行绿色低碳转型，发展循环经济，进行环保技术研发等的企业，可提供优惠的贷款利率和额外的补贴政策。同时，对那些不准确核算、不及时披露的企业，采取相应的处罚措施。在奖惩双重结合的情况下，最终推动低碳经济的发展。

就我国目前的情况来看，我国的生态环境保护责任仍然是由政府承担，但未来将会继续实施受益方补偿原则，届时，企业将会成为生态环境保护的最大责任人。也就是说，作为生态环境的受益者，企业应当也必须成为生态环境的保护者。针对这种情况，政府可以引入市场模式，充分发挥市场的功能，例如利用税收政策，提升企业的环境成本，从而促使企业自主找到环境成本最小的策略。

10.6.4　改进环境保护设备

B 公司下属的各个矿山都配备了相应的矿山污水处理厂，只有经过处理，矿山污水才能满足排放要求，并能完全回收利用。复用水主要作为火力发电厂和选煤厂的补充用水，还能作为矿井的灌水等。生活污水经企业自行处理后，将作为厂内绿化用水、选煤厂补充用水以及矸石矿山的降尘补充用水，剩余的水将以达标的方式向外排放。

在矸石山采取喷洒降尘的措施，并在此基础上建设导流槽和集水槽，对降尘液和淋洗液进行沉淀处理，使其达到资源化的目的。同时 B 公司还可采用人工造林的方法，在矸石山上造林，这样做既能提高煤矸石的综合利用率，又能降低堆存，还能有效改善周围的空气环境。

每一座矿山都根据环境保护的要求，修建一座危险废物临时存放点，并对其进行规范的收集和储存。在这个范围之内，每一座矿山都需要与有资格的企业签署一份危险废物的回收合同，对其进行规范化的处理，保证危险废物的流向和处理的安全性。这样B公司能降低环保费用，减少对环境的污染。

10.6.5 培养环境成本核算相关人员

从B公司的财务报表中可以看出，B公司没有在环境成本方面单独进行核算，说明企业缺乏相关方面的人才。B公司应当在响应国家号召的同时，对自身进行优化，对内部人员进行培养，或者是从外面引进人才，对环境成本进行单独管理，甚至是建立单独的环境成本核算部门，这样才能推动绿色发展，实现碳减排。

10.7 结　论

煤炭资源是一种不可再生资源，在煤炭储量不断下降，以及资源有偿使用政策越来越严格的情况下，B公司煤炭资源的获得成本将会越来越高，单位生产成本也会越来越高，而且B公司现在的产品结构也比较单一，总体的经济效益完全依靠煤炭主业，因此需要提高自身的抗风险能力。目前煤炭的销售价格不断波动，极其不稳定，我国对行业所涉及的资源、环保和安全等的标准要求日益严格，B公司在环保方面的支出不断增加，这些都将影响B公司的收益水平。近年来，受环保政策及新能源利用的影响，煤炭需求有所放缓，但是，煤炭在能源供应中具有无可撼动的主导地位，煤炭行业已经成为一个不断发展的支柱产业。国家积极的产业政策保证了煤炭行业的可持续发展，宏观经济的快速发展为煤炭需求的持续增长提供了坚实的支撑，技术创新为煤炭行业的发展带来了强大的动力，因此，我国的煤炭行业仍然拥有着美好的发展前景。

在对B公司环境成本进行研究并将其与C公司进行对比后可知，

在低碳经济的视角下，B 公司要减少环境成本，就要对主要污染物进行控制，并在控制产量的同时，提高煤炭的销售量。C 公司虽然环境保护税高，但是其煤炭产量及销量等数据都不如 B 公司。C 公司需要在公司内部设立相关的环境保护资金，用于环境保护的项目建设和技术研发。

目前 B 公司出现的主要问题就是销量与产量存在不对等关系，这进一步导致了存货堆积、成本加大，需要采取措施来提高自己的销售量。目前虽然采取了一定的科技创新措施，但是还未达到一定的效果，环境成本并未有很大的改善。B 公司需要采取增收节支、管理创新、修旧利废等措施，对员工实行全员、全要素、全过程的管控，对生产经营进行严格的考核，对设计布局进行优化，加强科技支持，努力实现生产降本、科技降本的目标。

第四部分　环境信息披露的绩效

第十一章

环境信息披露与企业绩效

11.1　企业披露环境信息对企业绩效的影响研究现状

各国的学者相继发现披露环境信息会对企业绩效产生不同程度的影响（Chen 和 Lee，2017；Meng 等，2014；Van Beurden 和 Gossling，2008），并且随着地域（Choi 等，2010）、行业（Johnson，2003）和企业规模（Johnson，2003）等的不同而有所变化。例如，Alsayegh 等（2020）以 2005—2017 年亚洲的上市公司为样本，发现环境信息披露对企业的可持续发展和经济绩效都有显著的正面影响。Dhaliwal 等（2011）发现社会责任表现好的创业公司能吸引更多机构投资者和分析师的关注，从而降低权益融资的成本。大量研究表明，企业社会责任与企业绩效之间存在着相当复杂的关系，但总体来看，支持企业社会责任与经济绩效存在正相关关系的文献占多数（Griffin 和 Mahon，1997）。Roman 等（1999）对 1972—1997 年间 51 份实证研究的后续调查表明，有 32 份研究支持企业社会责任与企业经济绩效正相关，没有发现两者之间显著联系的研究有 14 份，只有 5 份研究认为企业社会责任与企业经济绩效负相关。很多学者的研究发现，企业环境污染等外部评级的负面消息会拖累公司的股价（Shane 和 Spicer，1983；Klassen 和 McLaughlin，1996）。比如 Blacconiere 和 Patten（1994）发现 1984 年联合碳化物公司在印度的博帕尔造成严重的污染事故后，相关行业公司的股价都受到了负面影响。Kang（2010）发现负面环境信息的披露会导致公司股价下跌。与此相反，Murray 等（2006）以英国上市公司为样本，并未发现环境信息的披露状况与股票收益之间有显著关系。

与国外研究类似，国内学者对于披露环境信息与企业绩效之间的关系也没有定论。唐勇军等（2021）的实证研究表明，环境信息披露质量的提升对企业价值具有显著的促进作用。沈洪涛（2005）以 1999 年至 2003 年的 A 股公司为样本调查发现，我国企业履行社会责任的程度与财务表现之间呈显著的正相关关系，两者互为因果并且相互促进。王雅芳和钟雅（2016）以中国台湾的上市公司为样本，发现企业落实社会责任能给公司的整体价值及盈余质量带来正面的影响，而且公司治理和外部审计声誉可以强化两者之间的正向关系。然而，李正（2006）对上海证券交易所 2003 年 521 家上市公司进行研究发现，企业承担社会责任会降低企业的价值。最近，一些学者对我国重污染行业的研究表明，在不同样本区间内环境信息披露程度与财务绩效呈现负相关或者不相关，有明显的周期性差异（常凯，2015；张亚杰，2015）。比如陈春莲（2015）以 2011 年到 2013 年钢铁行业 57 家上市公司为样本，发现公司环境信息披露与财务绩效不相关。

虽然陈璇和淳伟德（2010）通过对国内外相关文献的整理发现我国现阶段上市公司的环境信息披露整体上还不会产生增值效应，环境信息披露与环境绩效之间的相关性很弱，但新近的研究普遍发现环境信息披露能改善企业的环境绩效。例如，吴红军（2014）以 2006 年到 2008 年化工行业的上市公司为样本研究发现，企业环境信息披露水平与环境绩效呈现正相关关系，并且提高环境信息披露水平能够有效降低权益资本成本。同样通过对中国上市公司的数据进行实证分析，Wei（2018）研究了环境信息披露与财务绩效之间的关系。研究结果显示，环境信息披露程度与公司的财务绩效呈正向关系，即环境信息披露水平越高的公司往往具有更好的财务表现。

综上所述，企业披露环境信息对企业绩效的影响迄今为止并无定论，大部分研究应用简单的回归方程得出结论，由此所产生的统计学误差可能是产生此种现象的重要原因。

11.2　环境信息披露与盈利能力

有效的环境信息披露对企业的盈利能力在一定程度上产生积极影响，由此来影响财务绩效。

首先，披露环境信息可以提高企业声誉和品牌价值。通过环境信息披露，企业对外展示其在环境保护、可持续发展和社会责任方面的承诺和行动，有助于树立良好的声誉和品牌形象，吸引更多的消费者和投资者。当今社会，消费者和投资者越来越关注企业的环境绩效，倾向于选择那些具备良好环境记录的企业进行消费和投资。因此，良好的环境信息披露有助于提高企业的市场竞争力，扩大市场份额，进而增加销售额和盈利能力。

其次，披露环境信息能提高资源利用效率和降低成本。环境信息披露可以促使企业加强对资源的管理和利用，推动资源的有效利用和减少浪费。通过披露环境相关信息，企业可以识别和改善能源消耗、废物排放、水资源利用等方面的问题，并采取相应的措施。这样可以降低企业的运营成本，提高资源利用效率，从而增加盈利能力。

再次，披露环境信息能够满足法律法规和监管的要求，有助于创造稳定的运营环境。环境信息披露要求企业披露其环境影响、排放情况以及环境管理措施等信息，以满足法律法规和监管机构的要求。遵守环境法规和监管要求不仅有助于企业避免罚款和法律诉讼等风险，也可以提高企业的合规性和信任度，为企业创造稳定和可持续的经营环境，进而提升盈利能力。

最后，披露环境信息能降低环境风险和经营不确定性。环境信息披露可以帮助企业及时识别和管理环境风险，降低环境相关事故和违规行为的发生概率。通过披露企业的环境管理措施和环境绩效指标，企业可以改善其环境管理体系，提升风险管理能力，从而降低经营不确定性，降低企业未来面临的罚款、赔偿和声誉损失等成本，提高企业的盈利能力。

由此可见，环境信息披露与企业的盈利能力密切相关。良好的环境信息披露通过提高企业的声誉和品牌价值、优化资源利用效率、满足法律法规要求以及降低环境风险，从而提升企业的盈利能力，使企业取得长期的竞争优势。因此，企业应重视环境信息披露，将其纳入战略规划和经营决策中，以实现可持续发展和长期盈利的目标。

11.3　环境信息披露与股价表现

环境信息披露与股价表现之间存在密切的关联。环境信息披露可以引起市场对企业的关注和反应。当企业积极披露其环境管理措施、可持续发展战略和环境绩效时，市场会对这些信息进行评估，并将其作为股价的决定因素之一。目前投资者越来越关注企业的环境责任和可持续性，他们倾向于选择那些具备良好环境记录的企业进行投资。因此，良好的环境信息披露往往会得到市场的积极反应，推动股价上涨。

同时，有效的环境信息披露有助于提升企业的声誉和品牌价值，树立企业的良好形象，增加投资者和消费者的信任和认可。投资者通常倾向于选择那些有良好声誉的企业进行投资，而消费者也更倾向于购买环境友好型的产品和服务。这些积极的市场反应可以提升企业的股价，并增加股东的回报。

环境信息披露还可以帮助企业有效管理环境风险和不确定性。通过披露企业的环境管理措施、环境绩效指标和法律法规遵守情况等信息，企业可以向投资者和市场展示其对环境风险的认识和管理能力。这有助于减少投资者对企业未来环境风险的担忧，提升市场对企业的信任度。同时积极披露环境信息还可以降低环境相关事故和违规行为的发生概率，降低经营不确定性，从而提升股价表现。

由此可见，环境信息披露对投资者的决策具有重要影响。投资者越来越注重企业的环境绩效和可持续发展，他们会根据企业的环境责任和可持续性因素来评估投资机会。因此，环境信息披露的质量和透明度对投资者的决策起着重要作用。当企业积极披露其环境信息，并展示出良好的环境管理和可持续经营能力时，投资者更有可能选择投资该企业，从而推动股价上涨。

11.4　环境信息披露与市场表现

良好的环境信息披露可以增加市场对企业的认可和关注度。现代投资者和消费者越来越关注企业的环境绩效和可持续发展。通过积极披露企业的环境管理措施、环境绩效指标和可持续发展策略，企业能够展示其对环境责任的承诺和行动，这些披露行为能够吸引投资者和消费者的关注，使企业在市场上获得更好的表现。

有效的环境信息披露可以增强企业的市场竞争力。在现代商业环境中，环境因素已成为企业竞争的重要因素之一，通过披露企业的环境管理实践和环境绩效，企业能够树立良好的品牌形象，建立其在环境可持续性方面的领导地位。这不仅能够吸引更多的消费者和投资者选择企业的产品或股票，还能够增加企业的市场份额，提高销售额和利润。

环境信息披露还可以帮助企业降低经营风险。透明披露企业的环境管理实践和环境绩效可以增加市场对企业的信任和认可，而投资者和消费者更倾向于与那些在环境责任方面表现良好的企业合作，从而降低了企业面临的声誉风险和法律风险。通过披露企业的环境风险管理和应对措施，企业能够增强市场对其长期可持续发展能力的信心，减轻市场对企业未来经营风险的担忧。

环境信息披露对企业来说也是一种合规要求。许多国家和地区都制定了相关的环境信息披露要求，企业需要遵守这些要求，披露与环境相关的信息。通过积极遵守这些要求，企业能够获得监管机构和法律机构的认可，保持合规状态，避免面临处罚和法律风险，进而维护良好的市场形象和声誉。

环境信息披露还能帮助企业发现商业机会和推动创新。透明披露企业的环境绩效和可持续发展策略可以吸引合作伙伴、供应商和客户，推动环境友好产品和服务的开发和推广。这不仅有助于扩大市场份额，还可以创造新的收入来源，提升财务绩效。

另外，良好的环境信息披露可以激励员工参与环境管理和可持续发展。通过披露企业的环境目标和绩效指标，员工可以更好地理解和认同企业的环境使命，增强工作动力和效能。员工的积极参与和贡献有助于提高生产效率和质量，降低成本，改善财务绩效。

11.5　环境信息披露与环境绩效

除了财务方面的绩效外，环境信息披露还能对企业的环境绩效产生多方面的增值效应。

首先，环境信息披露能增强企业的环境管理意识。环境信息披露要求企业对自身的环境管理实践进行全面披露，从而促使企业加强对环境问题的认识，了解环境管理的重要性。通过披露企业的环境目标、政策、实施措施和绩效数据，企业能够更好地评估自身的环境绩效，并发现改进的空间。因此，环境信息披露能促使企业增强环境管理意识，提升环境绩效，透明的环境信息披露还可以使企业面临更多的监督和问责，推动其加强环境管理。

其次，环境信息披露能促进环境目标的设定和实现，从而提高环境绩效。环境信息披露要求企业设定和披露具体的环境目标和指标，如减少碳排放、降低能源消耗、减少废弃物等。通过这些目标的设定，企业能够激励自身及员工积极追求环境改善和可持续发展，同时也迫使企业对环境绩效进行量化和监测，以实现设定的目标。因此，环境信息披露促进了企业在环境管理方面的改进和持续进步，提高了环境绩效。

再次，环境信息披露提供了一个平台，促使企业与各利益相关者进行交流和合作。通过披露企业的环境绩效和环境管理实践，企业能够吸引利益相关者的关注和参与。利益相关者的参与和合作有助于企业获取更多的环境专业知识和资源，从而共同应对环境挑战，促进创新和技术进步，提升企业的环境绩效。

最后，积极的环境信息披露可以树立企业良好的形象和提升品牌价值，从而改善环境绩效。企业在环境信息披露中通常会强调其对环境责任和可持续发展的承诺，例如企业在供应链管理、产品设计和生产过程中的环境考虑，以及与社区和利益相关者的合作。通过披露企业的环境绩效和环境管理实践，企业向外界展示其在环境保护方面的努力和成果。这有助于树立企业的环境领导者形象，提升品牌价值，增加消费者的好感度和忠诚度，促进企业的业务增长，同时激励企业继续改善环境绩效。

11.6 环境信息披露与社会责任信息披露

环境信息披露与社会责任信息披露是两个相关但不完全相同的概念。环境信息披露侧重于披露企业在环境方面的表现和实践，包括环境管理、资源利用、排放控制、生态保护等。而社会责任信息披露更广泛，旨在揭示企业在社会责任层面的实践，包括对环境、社会、治理等多个方面信息的披露。

环境信息披露虽然是社会责任信息披露的一部分，但环境信息披露更加侧重于披露企业的环境绩效和环境影响，以及企业对环境问题的管理和改进措施。环境信息披露的内容通常包括企业的环境政策、环境目标、环境管理系统、环境风险评估、废物管理、能源消耗和碳排放等方面。而社会责任信息披露更加综合，不仅披露环境方面的信息，还披露企业在社会方面的表现，如员工福利、社区关系、人权保护、供应链管理、反腐败措施等。社会责任信息披露旨在向利益相关者传达企业在社会责任方面的承诺和实践，展示企业对社会和利益相关者的关注和贡献。

尽管环境信息披露与社会责任信息披露有不同的重点和范围，但它们之间存在一定的重叠。环境责任是社会责任的一个重要方面，企业通过环境信息披露向外界展示了其在环境方面的责任和努力，同时也体现了企业对社会责任的综合履行。因此，可以说环境信息披露是社会责任信息披露的一部分，同时也是社会责任信息披露中的重要组成部分。

虽然环境信息披露与社会责任信息披露在内容和范围上存在差异，但它们都是企业向外界传达其在环境和社会责任方面的承诺和实践的重要途径。通过信息披露，企业可以树立良好的形象和提升品牌价值，提高财务和环境绩效，推动可持续发展的实现。

第十二章

社会责任信息披露与企业绩效关系的实证研究

12.1 研究背景

随着社会各界越来越重视企业社会责任，我国也围绕企业社会责任颁布了一系列的政策。2006年，企业承担社会责任被列入《公司法》，成为法律的规定性条文。为了助力企业履行社会责任，相关部门发挥其引导作用，在深圳、上海等城市先后颁布了有关社会责任的文件。2017年召开的十九大也提出了对于社会责任信息披露的具体要求，并鼓励企业着重培养并强化信息披露意识。

在沪深交易所、国资委等的支持和鼓励下，企业进行信息披露的途径日益增多，比如财务报告、独立报告、官网官媒等。近年来，主动披露社会责任信息的企业逐渐增多，且质量不断提高。从评级机构润灵环球发布的报告来看：2020年BBB级、BB级和B级企业的数量都有所增长，三者中增长幅度最大的是BBB级企业，达到了47%；CCC级企业与其他企业的变化趋势相反，下降了23%。从总体上来看，结果比2019年更好。但是不可忽略的是，从综合角度考虑，当前的信息披露过程中仍然存在许多违规行为，亟待进一步纠正。

我国企业近些年在披露社会责任信息方面显得较为机械。长春长生“假疫苗”事件等的发生，引发公众对企业的广泛关注，并且对企业的资金管理问题、合法经营问题等展开讨论。这些问题的根本原因在于公众存在信息漏洞，企业也没有尽到信息披露的责任，最终危害到企业自身的绩效。由此可以得出，在企业绩效的所有影响因素中，企业社会责任信息披露扮演了极其重要的角色，所以有必要对其进行探究。与此同时，企业负责任的社会形象能够取信于公众，从而间接提高企业绩效，促进可持续发展。我国媒体、网络等的发展使得社会对于企业的关注度进一步提高，媒体关注在企业责任形象的塑造中无疑发挥了不可小觑的中介力量。

12.2　研究意义

在企业社会责任信息问题的研究方面，不同国家的研究程度差距较大，以西方发达国家为首的部分国家已经在信息披露研究上较为成熟。我国稍显落后，在研究内容和范围上有些狭窄，同时缺乏对中介因素作用的探究。此外，只有一部分研究将媒体关注放入企业社会责任信息披露对财务绩效产生影响的过程中，而且只是停留在媒体作为公司外部治理因素这一视角，至于媒体本身的职能对公司绩效的重要影响，几乎没有人关注并提及。由此可见，研究三者之间的关系具有理论意义，不仅有利于从更加全面的角度考量信息披露带来的价值，而且可以明确媒体关注这一中介因素对企业的影响和具体的作用途径。

12.3　文献综述

关于本章研究的企业社会责任信息披露、媒体关注与企业绩效，国内外学者密切关注的是企业社会责任信息的披露与计量方面，还有学者以此为基础继续讨论信息披露与企业绩效的关系。在媒体关注方面，大部分文献重点关注媒体的外部治理职能以及对绩效的影响，很少有学者研究媒体在企业信息传递中所起到的中介作用。因此，本章将围绕以上三个角度进行文献的回顾与梳理。

12.3.1 国外文献综述

在企业社会责任信息披露以及计量方法方面，主要以 Smith 等（2010）的研究为代表，其采用内容分析法，完成对企业信息的披露。内容分析法是指对公司报表等文件进行分析，这一过程中，公司披露的社会责任信息随着发布的文件或总结字数的增加而增加，二者呈正相关趋势。

关于企业社会责任信息披露与企业绩效的关系，通过分析以 Margolis 和 Walsh（2003）的研究为代表的 109 篇文献，得到以下结果：除了 20 篇结论尚不明确的论文以外，其中最多的是提及社会责任信息披露与企业绩效正相关，达到了 54 篇；其次是负相关，为 28 篇；另有 7 篇认为二者不相关。以 Bowman（1978）为代表的国外学者从 1972 年开始持续三年的时间对 46 家发电公司进行抽样调查，得出以下结论：平均股东权益报酬率越高，信息披露指数也越高。

在媒体关注方面，Dyck 等（2008）发现媒体报道可以降低信息不对称程度，行使社会“第四权利”，保护第三方权益，并且得出媒体可以改进公司治理的结论。此外，Bloomfield 和 Wilks（2000）的研究发现信息披露质量较高的企业，获得的媒体关注也较多，在媒体外部监督之下，职业经理人会积极维护企业形象。

12.3.2 国内文献综述

以李正（2007）等为代表的学者对企业社会责任信息披露及其计

量方法的研究做出了重大贡献，通过对这些计量方法的详细讨论，并且在多次对比分析后发现：社会责任会计法和声誉法自身存在着标准无法统一、受主观条件限制、偶然性较大等问题，较少为学界采用，而普遍接受的方法是内容分析法和指数法。我国以汤亚莉等（2006）为代表的学者通过将信息数量和每一条信息赋予不同权重的方法进行了信息披露指数的构建。

以杨熠等（2008）为代表的学者采用问卷调查的方法，研究企业社会责任信息披露与企业绩效的关联，最终得到了下面的结论：股票收益率随着信息披露的数量和质量的提升而增加。此外，李正（2006）研究发现，披露的信息量越多，企业的市场价值反而越低。除以上两种相关关系外，还有部分学者研究发现二者并不存在明显的相关关系。

在媒体关注方面，以郑志刚（2007）为代表的学者进行了数据研究，最终发现媒体报道作为一种外部非法律性的制度，对于公司治理有促进作用，并且能够保护权益者的利益。此外，其他学者对媒体关注在信息披露中起到的作用进行了研究。许楠等（2013）的研究认为，媒体通过提供社会责任信息而帮助公众消除信息屏障，减少不必要的投资，反过来要求企业纠正不良行为，最终提高企业绩效。

12.3.3　文献述评

在企业社会责任信息披露以及计量方法上，本章将总结上述方法，并结合我国实际情况，采用众多学者支持的润灵环球 MCT 社会责任报告中的评级结果，在此基础上进行数据处理，对社会责任信息进行衡量。关于社会责任信息披露与企业绩效的关系，虽然一致的结论还没有得出，但许多研究结果表明，社会责任信息披露能带来一定的价值，大部分研究对二者存在正相关关系持赞同态度。国内在此方面的实证研究成果数量较少，仍需完善。有关媒体关注的中介作用，多数研究肯定了媒体的公司治理职能，也有不少学者将信息披露与媒体关注相结合，这将是未来学者们关注的一个方向。本章也将对此进行研究，探讨其作用机制和作用效果。

12.4 相关概念与理论

12.4.1 相关概念

12.4.1.1 润灵环球社会责任报告评价体系

作为一家独立的民间机构，润灵环球是较为权威的社会责任专业评级机构，该机构参照全球性的社会责任标准 ISO 26000，考虑行业间差异，加入行业性指标 *i* 值，最终经过几次改进后，确定 MCT 2012_1.2i 版。MCT 2012_1.2i 评级体系客观、公开、透明、完整，是社会上较为权威的评级体系，也作为本章披露水平的衡量标准。具体指标划分如表 12–1 所示。

表 12–1 润灵环球指标（摘录）

指标主题	序号	具体指标	终端采分点
战略	M1	**整体责任战略信息：**包括社会责任战略目标、社会责任战略达成路径、重要责任风险与挑战识别等信息	1. 社会责任战略目标 2. 社会责任战略达成路径 3. 重要责任风险与挑战的识别
	M2	**可持续发展适应与应对信息：**包括气候变化、社会问题及宏观环境变化可能带来的可持续发展问题等信息	4. 气候变化对企业可持续发展的影响 5. 社会问题对企业可持续发展的影响 6. 宏观环境变化对企业可持续发展的影响

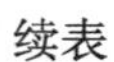

续表

指标主题	序号	具体指标	终端采分点
战略	M3	**责任战略与企业有效匹配信息：**与企业提供的主要产品与业务对社会、环境造成的影响有关联的信息等	7. 企业提供的主要产品 / 业务对社会造成的影响 8. 企业提供的主要产品 / 业务对环境造成的影响
	M4	**企业高管在战略层面考虑社会责任的信息：**包括董事长等公司所有者代表和 CEO 等高管关于社会责任、可持续发展的声明等信息	9. 企业所有者代表（董事长等）关于社会责任 / 可持续发展的声明 10. 企业管理者代表（CEO 等）关于社会责任 / 可持续发展的声明
	M5	**社会责任目标制定与达成信息：**包括长、短期社会责任规划，明确的、量化的绩效目标等信息	11. 企业社会责任长期规划 12. 企业社会责任短期规划 13. 规划目标的量化治理
治理	M6	**公司基本信息：**包括公司及所在行业的基本信息，其所在社会、环境背景等信息	14. 公司基本信息 15. 其所在行业的基本信息 16. 其所在社会及环境背景
	M7	**价值观、原则与准则信息：**包括企业对社会责任的理解，在推动可持续发展层面上所持有的价值观、行为准则等信息	17. 企业社会责任价值观 18. 企业社会责任行为准则
	M8	**社会责任管理机构信息：**包括负责监督与可持续发展相关问题的机构的设置、社会责任实施主管部门或专门人员的设置等信息	19. 董事会层面的机构设置 20. 管理部门层面的机构或人员设置
	M9	**决策流程与结构信息：**包括公司对环境、社会、经济事务的管理方法、程序或步骤等信息	21. 公司对环境、社会、经济事务的管理方法、程序或步骤
	M10	**治理透明度信息：**包括信息披露机制相关信息	22. 信息披露机制

12.4.1.2　媒体关注

根据以往研究，学界主要采用以下几种方式衡量上市公司的媒体关注：一是对权威纸质报刊报道上市公司的次数进行人工统计，但该方法存在覆盖率低、完整性差的缺点，不能真实地反映情况；二是借助新媒体软件获取上市公司的新闻报道数量，但这种方法覆盖面较广，并且网络媒体常存在转载纸质媒体的重复报道现象，容易造成数据重复，从而导致信息的真实可靠性存在欠缺；三是对“中国重要报纸全文数据库”展开检索，统计企业被提及的次数，将其作为媒体关注变量，该方法具有一定的权威性和可靠性，但是需要手工检索，在样本数量较大的情况下难以采用。

12.4.1.3　企业绩效

可以衡量企业绩效的财务指标并不少，本章采用资产收益率（*ROA*）进行衡量。资产收益率可以通过公司年度利润除以总资产价值来表示，代表着总资产价值的盈利能力。在正常情况下，资产收益率与公司资产利用效率正相关，资产收益率高，表明公司在增加收入和节约资金支出等方面取得了良好结果；反之，则相反。

12.4.2　相关理论

12.4.2.1　利益相关者理论

利益相关者理论是在西方国家逐步发展起来的。关于利益相关者，当前普遍接受的是 Freeman（1984）在《战略管理：利益相关者管理的分析方法》中提出的定义，该书以利益相关者与企业的生存、发展和目标的关系为标准，将利益相关者进行划分，具体分为能够影响企业以及会受到企业影响的团体（或个人）。从利益相关者的角度来看，企业履行社会责任是存在益处的，能改善自身形象，获得利益相关者的信任，长期坚持有助于改善企业与利益相关者之间的关系。履行社会责任对于企业来说会形成一种无形的社会资本，从而获取资源，维持长期可持续经营，形成竞争优势。除此之外，通过履行社会责任也可以与利益相关者进行信息交流，媒体则作为其中的重要纽带；企业也可以通过这个渠道反向了解利益相关者的意见，对自身进行调整和提高，形成良好的反馈机制。

12.4.2.2　信号传递理论

信息非对称理论最早由经济学家 Akerlof（1970）提出，是指市场上买卖双方的信息存在着天然差异，一般情况下，卖方掌握着更为完整的信息。该理论认为，信息拥有量越丰富，决策质量越高。因此，为减少信息不对称的情况，企业有动力对外披露信息，促使其成为优质企业。罗杰斯首先将该理论应用于公司财务领域，他发现通过对资本结构、股利政策等相关高质量信息进行披露，可以向已在投资者和潜在消费者传递向好信息，从而使其做出更加科学的决策。从信号传递理论的角度来看，提高信息传递质量和传递过程的透明性有利于企业自身的发展。根据信息传递的原则，披露负面信息或者未进行信息的及时披露，都会让利益相关者认为是负面消息，所以及时传递信息对企业形象的树立十分重要。而媒体作为当今发出和接受信息的重要存在，能够成为企业传递积极信号的重要渠道。

12.4.2.3　合法性理论

Suchman（1995）对合法性的定义进行了综合整理，将合法性总结为一种文化过程，认为任何的实体都受制于一定的文化环境，只有符合该合法性的文化环境所规定的行为才会被社会认可。合法性还指对实体的行为的感知和假设，认为其在规范、信念、价值观等社会体系内是否是可取的、恰当的或合适的。他还把合法性理论分为制度和战略观点，制度观点强调静态适应性，而战略观点并不强调实际行为的改变，而是通过积极的交流和其他方式来改变社会意识的构建。企业为了能够得到社会的认可、接受并获取相应的各项资源，需要进行合法性行为操作，比如通过积极进行信息披露，在一定程度上可以弥合企业与社会互动过程中产生的鸿沟。

12.5 研究假设

12.5.1 企业社会责任信息披露与企业绩效关系的假设

由上文的信号传递理论可以得出，企业进行信息披露的同时也会传递信息，这成为投资者获取公司情况、对其印象改观的途径，进而增加投资者的信任度，降低投资风险。由前面提到的利益相关者理论得出，企业积极主动地披露信息有利于维系与利益相关者的关系，还能进一步增加企业获取稀缺资源的能力，提高自己的竞争优势，实现自身的可持续发展，这些都能对企业绩效的提高起到促进作用。由上文的合法性理论还可以看出，信息披露体现企业履行社会契约的精神，是符合社会价值观的一种行为，通过这种行为可以树立企业负责任的良好形象，改善外部发展环境，甚至可能获得潜在的社会支持，比如政府部门的扶持。

综合分析，越是能够为利益相关者创造价值并且提高其满意度的公司，越有机会实现良好的可持续发展。虽然这种行为相应地会产生一定的成本，但站在长期战略的角度看，长期向好发展的竞争优势与这种高质量的社会责任信息披露密不可分，最终也会提高企业绩效。基于以上论述，提出如下假设。

假设 1：企业社会责任信息披露与企业绩效正相关。

12.5.2 企业社会责任信息披露与媒体关注关系的假设

由上文的利益相关者理论、信号传递理论可知，由于市场天然存在买卖双方的信息不对称，利益相关者对于企业信息的需求是有增无减的，亟待通过信息传递的方式加以满足。而媒体作为社会上的第三方，不仅是公众获取企业信息的重要渠道，也是企业积极进行信息披露的重要途径。媒体作为反映和报道企业的一面镜子，通过正面报道可以大幅度提高企业声誉，增强利益相关者对企业的信赖和信心。另外，根据议程设置功能，媒体通过对社会企业的相关话题加以突出报道，会影响社会公众对企业价值以及企业形象的认知，无形之中会给企业施加压力，而相应地，企业会对此进行社会责任信息的重新塑造，以提高利益相关者的满意度，这是一种被动战略响应，体现了媒体对于企业的监督作用。除此之外，由印象管理理论同样可以得到，企业通过这种披露吸引社会公众的普遍关注，而媒体对此情况进行捕捉并进一步整合报道，满足公众的信息需求，企业也通过选择性信息披露，完善和巩固自身企业形象的建构。

综合分析，本章认为，由于公众的期待以及媒体的职能要求，企业的披露行为既可以满足各界人士的信息需求，也能获得相应的媒体关注。基于以上论述，提出如下假设。

假设2：企业社会责任信息披露与媒体关注正相关。

12.5.3　媒体关注与企业绩效关系的假设

由上文的信号传递理论可以得出，市场中存在信息不对称，这不利于投资者了解企业，会削弱其对企业的投资信心，而媒体通过宣传报道可以有效缓解社会公众因缺乏企业信息而产生的焦虑感，降低投资成本，增加股票收益，从而提高企业绩效。同时，搜索成本理论指出，全面、及时的信息公开可以降低信息检索的成本，媒体关注将通过这一行动减少投资者的信息不对称，同时减少信息摩擦的发生并增加投资者的信心，还有助于解决代理问题并降低资本成本。媒体关注还通过监督作用对公司治理者施加外部压力。媒体报道的现实镜像倒逼企业负责经营、勤勉工作，抑制非法行为的产生，营造良好的投资环境。

综合分析，本章认为，媒体在正面报道中的积极宣传以及对负面信息的报道揭露，能够对企业绩效的提高起到促进作用，还可以促使企业管理者对企业进行合规治理。基于以上论述，提出如下假设。

假设 3：媒体关注与企业绩效正相关。

12.5.4　企业社会责任信息披露、媒体关注与企业绩效关系的假设

企业的披露行为一方面能获得媒体关注，另一方面也可以减少自身与社会公众的信息不对称，再加上媒体关注所具有的舆论治理职能，使得企业融资成本和资本成本降低，绩效提高。同时，根据媒体丰富性理论，企业通过网站等平台向公众展示信息，通过沟通机制传递丰富的信息，并介绍企业的社会改良活动，能够增加公众对企业的认知和肯定，这种良好的公司声誉成为一种战略资源。后经由注意力经济的公众可见性信任机制，公司向贸易伙伴发送可靠的信号，不管是潜在的还是现存的伙伴，都会被其吸引，这样共同推动着价值的创造。

综合分析，本章认为，企业通过信息披露获取媒体关注，这一行为本身就会对投资者决策和行动产生影响，企业在这个过程中不断调整，满足利益相关方需求的同时也获得自身的竞争优势，进而作用于企业绩效。基于以上论述，提出如下假设。

假设 4：媒体关注在企业社会责任信息披露对企业绩效的正向影响中发挥了中介作用。

12.6 研究设计

12.6.1 样本选择及数据来源

12.6.1.1 样本选择

本章以我国2017—2018年沪深所有A股上市公司为初始样本，需要注意的是，由于信息披露存在一定的时间，所以需要考虑滞后一期的数据，因此本章所指的年度是企业社会责任报告所属年度，而不是发布年度。同时制定如下标准：①润灵环球评级报告中没有入选的不被采用；② ST企业不被采用；③金融、保险等行业相关企业不被采用；④上市不满两年的不被采用。经过上述的重重筛选，最终得到703个有效观测值。

12.6.1.2 数据来源

表12–2为数据来源介绍。

表12–2 数据来源

数据名称	数据来源
企业社会责任信息	润灵环球责任评级（RKS）
媒体关注	中国重要报纸全文数据库
企业绩效	国泰安数据库

12.6.2 变量选择与界定

12.6.2.1 解释变量

（1）企业社会责任信息披露。本章借鉴尹开国等（2014）、陶文杰等（2013）、李姝等（2013）的研究，并参考权威的润灵环球责任报告，将其得分作为衡量指标，该指标反映了信息披露的完整性、合规性等，分值与披露质量呈正相关。

（2）媒体关注。本章借鉴陶文杰等（2012）的研究，借助“中国重要报纸全文数据库”，通过手动检索的方式，统计媒体 2007 年报道的企业数量，随后转化为量化指标，并在此基础上进行对数化处理。

12.6.2.2 被解释变量

本章借鉴尹开国等（2014）对企业绩效的研究，选择资产收益率来衡量企业绩效。资产收益率包含各种信息，例如获利能力等，并且不受资本结构的影响，是最全面、最理想的财务指标。

12.6.2.3 控制变量

借鉴现有成果，拟定公司规模、独立董事比例、总资产周转率、资产负债率、经营杠杆等为控制变量。

具体变量的界定如表 12–3 所示。

表 12–3 变量汇总及界定

变量类别	变量名称	变量符号	计算方法
被解释变量	资产收益率	*ROA*	净利润 / 平均总资产
解释变量	社会责任信息披露	*Score*	RKS
	媒体关注	*Media*	“中国重要报纸全文数据库”中的总报道次数加 2 后取自然对数
控制变量	公司规模	*Size*	期末总资产的自然对数
	独立董事比例	*Iboard*	独立董事人数 / 董事会人数
	总资产周转率	*Turn*	营业收入 / 资产总额期末余额
	资产负债率	*Lev*	负债总额 / 资产总额
	经营杠杆	*Orisk*	非流动资产 / 总资产

12.6.3　实证模型

本章借鉴温忠麟等（2004）检验中介效应的方法，构建本章的研究模型。中介变量是指，若变量 M 既受变量 X 的影响，又在此基础上影响变量 Y，则 M 为中介变量。在本章研究中，媒体关注为中介变量，因为企业社会责任信息披露影响媒体关注，进而影响企业绩效。图 12–1 可以用来描述三个变量之间的关系。

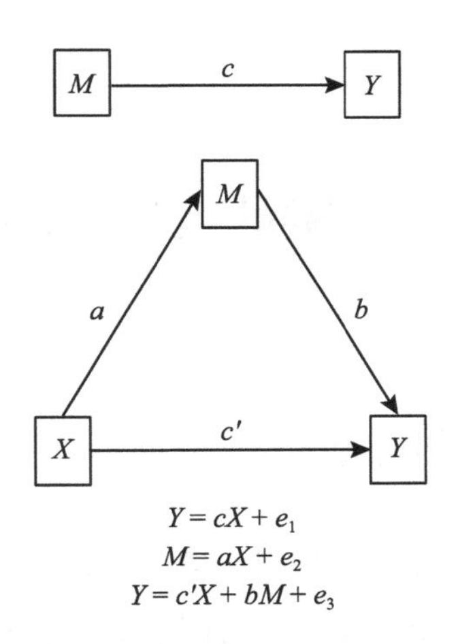

图 12–1　中介变量示意图

本章拟检验得出 c 和 c' 显著，即拒绝原假设，代表中介效应显著。在一个关系中，自变量与因变量之间是否显著，是决定中介效应是否显著的前提，在此基础上才能考虑中介变量是否显著。具体到本章的实证分析，则需要先判断 c 是否显著，若 c 不显著，则没有继续研究的意义；若 c 显著，c' 不显著，则说明中介变量的中介作用不显著；若 c 和 c' 都显著，则证明该关系式中的中介变量对因变量能产生显著影响，媒体关注的中介作用明显存在。

综上所述，本章的具体模型如下。

检验企业社会责任信息披露对企业绩效的影响（假设 1）:

$$ROA = \beta_0 + \beta_1 Score + \beta_2 Size + \beta_3 Iboard + \beta_4 Lev + \beta_5 Turn + \beta_6 Orisk + \varepsilon \quad （模型 1）$$

检验企业社会责任信息披露对媒体关注的影响（假设 2）：

$$Media = \beta_0 + \beta_1 Score + \beta_2 Size + \beta_3 Iboard + \beta_4 Lev + \beta_5 Turn + \beta_6 Orisk + \varepsilon \quad （模型 2）$$

检验媒体关注对企业绩效的影响（假设 3）：

$$ROA = \beta_0 + \beta_1 Media + \beta_2 Size + \beta_3 Iboard + \beta_4 Lev + \beta_5 Turn + \beta_6 Orisk + \varepsilon \quad （模型 3）$$

检验媒体关注在企业社会责任信息披露与企业绩效关系中的中介效应（假设 4）：

$$ROA = \beta_0 + \beta_1 Score + \beta_2 Media + \beta_3 Size + \beta_4 Iboard + \beta_5 Lev + \beta_6 Turn + \beta_7 Orisk + \varepsilon \quad （模型 4）$$

12.7 实证检验与分析

12.7.1 描述性统计

表 12–4 为变量的描述性统计结果。由表可知，沪深两市不同的 A 股上市公司在企业绩效、社会责任信息披露水平和媒体关注方面存在差距。企业绩效的极差为 1.4，平均水平为 0.042，说明样本间盈利水平参差不齐，并且整体有待提高。社会责任信息披露的极差为 70.561，平均水平为 42.998，处于 BB 水平。媒体关注的极差为 27.563，平均水平为 1.089。在公司规模、债务风险（资产负债率）、经营效率（总资产周转率）和经营杠杆方面，不同企业间的差异也较大。

表 12–4 变量的描述性统计

变量	观测值	极小值	极大值	平均值	标准差
ROA	703	–1.016	0.384	0.042	0.074
Score	703	18.442	89.003	42.998	13.398

续表

变量	观测值	极小值	极大值	平均值	标准差
Media	703	0.693	4.719	1.089	0.656
Size	703	19.781	28.509	23.414	1.427
Iboard	703	0.273	0.667	0.377	0.056
Lev	703	0.038	1.037	0.479	0.194
Turn	703	0.009	4.684	0.610	0.460
Orisk	703	0	12.685	1.530	0.913

12.7.2　相关性分析

表 12–5 为企业绩效角度的相关性分析。企业社会责任信息披露水平、媒体关注与企业绩效呈正相关，需要加入控制变量来对假设进行检验。此外，有 2 个控制变量与企业绩效显著相关，而有 1 个控制变量与企业绩效较为相关。在相关系数方面，由于各变量之间相关系数的绝对值均比 0.55 小，因此没有多重共线性问题，不需要排除相关变量。

表 12–5　企业绩效角度的相关性分析

变量	*ROA*	*Score*	*Media*	*Size*	*Iboard*	*Lev*	*Turn*	*Orisk*
ROA	1.0000							
Score	0.0974*	1.0000						
Media	0.1717**	0.3208***	1.0000					
Size	−0.0119***	0.4613***	0.4182***	1.0000				
Iboard	0.0080	0.0848	0.1016	0.1394***	1.0000			
Lev	−0.3340***	0.1911**	0.0546***	0.5743***	0.0451	1.0000		
Turn	−0.0254	0.0990**	0.0587**	0.0112	0.0456	0.0828**	1.0000	
Orisk	−0.0367**	0.0397	0.0937	0.0842***	−0.0316	−0.0278	−0.0457	1.0000

注：***、**、* 分别表示在 1%、5%、10% 的水平上显著。

12.7.3 回归分析

为验证四个研究假设，本章对四个模型进行回归分析，回归结果如表 12–6 所示。

表 12–6 企业社会责任信息披露、媒体关注与企业绩效回归分析结果

变量	模型 1 *ROA*	模型 2 *Media*	模型 3 *ROA*	模型 4 *ROA*
Constant	–0.1683*** （–3.33）	–4.3918*** （–10.17）	–0.1405** （–2.68）	–0.1176** （–2.18）
Score	0.0005** （2.14）	0.0063*** （3.45）		0.0004* （1.79）
Media			0.1257** （2.86）	0.1154** （2.61）
Size	0.0127*** （5.20）	0.2304*** （11.02）	0.0117*** （4.73）	0.0101*** （3.81）
Iboard	–0.0175 （–0.38）	0.3683 （0.94）	–0.211 （–0.46）	–0.0218 （–0.48）
Lev	–0.1913*** （–11.82）	–0.8923*** （–6.45）	–0.1833*** （–11.06）	0.1810*** （–10.91）
Turn	0.0004 （0.07）	0.8916* （1.88）	0.0004 （0.07）	–0.0007 （0.022）
Orisk	–0.0061** （–2.17）	0.0308 （1.29）	–0.0065** （–2.32）	–0.0064** （–2.30）
调整 R^2	0.1739	0.2411	0.1852	0.1808

注：***、**、* 分别表示在 1%、5%、10% 的水平上显著，括号内是 t 值。

从模型 1 的回归结果可以看出，企业社会责任信息披露与企业绩效显著正相关，而公司规模也与企业绩效显著正相关，假设 1 成立。资产负债率、经营杠杆的显著性水平不尽相同，分别在 1% 和 5% 的水平上显著。同时，调整 R^2 为 0.1739，表明所选变量对绩效变化可以做出合理的解释。

从模型 2 的回归结果可以看出，企业社会责任信息披露与媒体关注显著正相关，证明假设 2 成立。调整 R^2 为 0.2411，因此模型 2 的方程也具有很好的拟合度和显著性。此外，公司规模、总资产周转率与媒体关注呈正向相关，显著性水平分别为 1% 和 10%；资产负债率相反，显著性水平为 1%。

从模型 3 的回归结果可以看出，媒体关注与企业绩效显著正相关，证明假设 3 成立。控制变量的显著性水平与模型 1 一致，调整 R^2 为 0.1852。

模型 4 在模型 1 的基础上增加了中介变量，从回归结果可以看出，中介效应得到了验证。企业社会责任信息披露在 10% 的显著性水平上与 *ROA* 正相关；媒体关注也在 5% 的显著性水平上与 *ROA* 正相关。但是，社会责任信息披露的显著性水平从 5% 变为 10%，相关系数也降低了 0.0001。这说明由于媒体关注这一中介变量的加入，社会责任信息披露的显著性被削弱，与此同时模型 4 仍显著，可以得出媒体关注的部分中介作用是存在的，假设 4 成立。控制变量的结果与模型 1 基本一致。同时，调整 R^2 为 0.1808，方程的拟合程度提高。

12.7.4　稳健性检验

为增强本章研究的稳健性，将净资产收益率（*ROE*）作为被解释变量表示企业绩效，重复检验，检验结果如表 12-7 所示。

表 12-7　企业社会责任信息披露、媒体关注与企业绩效关系的稳健性检验

变量	模型 1 *ROE*	模型 2 *Media*	模型 3 *ROE*	模型 4 *ROE*
Constant	−2.4093*** （−3.82）	−4.3918*** （−10.17）	−2.4043*** （−3.66）	−2.7676*** （−4.10）

续表

变量	模型 1 *ROE*	模型 2 *Media*	模型 3 *ROE*	模型 4 *ROE*
Score	0.0006** (2.48)	0.0063* (3.45)		0.0061** (-2.27)
Media			0.0979* (-1.78)	-0.0816 (-1.48)
Size	0.1538*** (5.04)	0.2304*** (11.02)	0.1463*** (4.71)	0.1726*** (5.22)
Iboard	-0.6928 (-1.21)	0.3683 (0.94)	-0.6740 (-1.17)	-0.6628 (-1.16)
Lev	-1.0982*** (-5.44)	-0.8923*** (-6.45)	-0.1347*** (-5.46)	-1.1710*** (-5.64)
Turn	0.2247*** (-3.24)	0.0892* (1.88)	-0.2334** (-3.38)	-0.2174** (-3.13)
Orisk	0.0390 (1.12)	0.0308 (1.29)	0.0423 (1.21)	0.0415 (1.19)
调整 R^2	0.3596	0.2684	0.3652	0.1646

注：***、**、* 分别表示在 1%、5%、10% 的水平上显著，括号内是 t 值。

根据表 12–7 的检验结果可知，使用净资产收益率替代原被解释变量后，结果与原模型的结果大致相同。模型 1 的结果可以证明本章假设 1 成立，且显著性水平为 5%；模型 2 的结果可以证明假设 2 通过检验，且显著性水平为 10%；模型 3 的结果可以证明假设 3 是成立的。但是，模型 4 的回归结果显示媒体的中介效应未得到验证。

12.8 结 论

根据上文的实证分析，本章得出如下结论：企业社会责任信息披露与企业绩效正相关，假设 1 成立。即企业通过提高社会责任信息披露数量和质量，为投资者、政府等提供有效的决策信息，同时企业依据信息反馈及时进行政策调整，直接或间接提高企业绩效。

企业社会责任信息披露与媒体关注正相关，假设 2 成立。即随着企业在社会上的地位的提升，社会责任信息的披露更加能影响社会各界。媒体具备议程设置功能，作为独立第三方有责任对企业社会责任信息有关的话题加以突出强调，使企业受到各方关注。

媒体关注与企业绩效正相关，假设 3 成立。即媒体通过正面报道向企业相关者披露有效信息，降低信息不对称程度，使投资者的信心得到增强，进一步提高企业绩效；同时，媒体通过负面报道进行揭露监督，也向包括利益相关方在内的所有公众传递信号，降低企业在投资者心目中的可靠度，并且对企业的声誉造成影响，最终直接或者间接地降低了企业绩效。

媒体关注在企业社会责任信息披露对企业绩效的正向影响中发挥了中介作用，假设 4 成立。虽然假设 4 在回归分析中通过了检验，但是并未通过稳健性检验。本章得出媒体关注在企业社会责任信息披露对企业绩效的影响中发挥的是部分中介作用，但是在稳健性检验中，该中介作用并未通过检验。因此，可从以下两个方面进行分析解释：一方面，企业社会责任信息对企业绩效的影响并不是单一因素造成的，而是由多种因素共同导致的，每个因素发挥作用的权重也不一样，所以需要结合其他因素，如公司财务透明度等，才能更好地发挥作用；另一方面，由于不同的利益相关者在视野和认知上存在差异，且媒体本身的公信力等也会对公众产生影响，从而影响对企业本身的真实信息的判断，最终导致中介作用未能完全生效。

12.9　启　示

（1）国家完善相关法制。根据本章的研究结论可以看出，合理的社会责任信息披露具有一定的社会意义。因此，我国应完善相关法制，扎紧制度篱笆。与欧美国家相对完善的立法相比，我国现阶段的法律法规存在着诸多不足，对沪深两市四大板块以外的企业较为宽松，并未做出强制披露的要求。除此之外，披露标准、披露内容和披露形式也存在着不完善的情况。因此，我国应积极主动地出台相关政策，保证良好的披露环境，完善披露准则，并在具体实施过程中增加透明性和可操作性。

（2）企业提高信息披露质量。企业应该提高自身的社会责任意识，并逐步提高信息披露质量。企业作为披露主体，积极披露企业信息在一定程度上可以塑造企业的良好形象，提高声誉，增强社会影响力以及竞争力，最后直接或间接地提高自身的财务绩效。同时，企业应该在内部积极组织学习交流活动，全方位为提高披露质量创造条件，并通过报告的方式，在各个渠道向利益相关者传递有效信息，满足其信息需求，不断形成更为完整、规范和可信的信息披露制度。

（3）媒体主动发挥中介作用。本章研究得出媒体在企业社会责任信息披露对企业绩效的影响中起到部分中介作用。因此，媒体应该充分发挥自身传递信息以及监督的社会职能，以独立第三方的立场对企业信息进行客观披露，向公众传递信号，营造公开、透明的信息环境，保护利益相关者；同时，要敢于对企业的负面行为进行披露，及时、准确地传递负面信息，保护利益相关者的合法权益。

第十三章 环境信息披露与企业的环境绩效案例分析

13.1 研究背景

随着我国经济的高质量发展，企业需肩负的社会责任越来越大，特别是高污染类的能源企业，迫切需要认识到会计信息披露的重要性，增强环境方面信息的披露力度。会计信息披露是会计整体工作的最终成果公示，也称得上是整个会计核算体系中最为重要的一部分。积极并全面地披露会计信息与环境会计信息，以及积极参与企业ESG指标评级，揭示企业利用环境资源的成本情况以及参与治理环境污染的成本情况，是顺应时代发展的必经之路与必然要求。

2020年9月，我国提出要实现“碳达峰、碳中和”。为了实现“双碳”目标，我国针对电力行业出台了促进绿色电力发展的政策，但由于能源企业特别是火电企业本身依赖燃料的特点，企业增收不增利的情况愈演愈烈，主动绿色转型已然成为能源企业实现“双碳”目标的必经之路。本章以D公司作为研究对象，对其转型动因和转型路径进行分析，并分析会计信息披露在转型中起到的推动作用，这对能源企业绿色发展以及长远发展有着重要意义。

13.2 研究意义

由于各个行业、各个企业对于会计信息的处理规范以及程度有一定的差异，企业环境会计信息相关事项并未完全披露为管理者与利益相关者所悉知，其中伴随的成本与利润也未能明晰地披露，这在一定程度上阻碍了利益相关方进行正确的判断。在环境会计信息披露方面，与发达国家相比，我国尚未有成熟且标准的信息披露体系，不同学者的主张不同，相关研究和看法见仁见智，缺乏深入并且有针对性的案例研究，忽略了理论在实务中的应用难题。本章意在寻求一种较为全面的统一处理模式，从企业的角度完善环境会计信息的确认、报告、披露体系，从而推动环境会计信息会计理论的落地，改变理论在实际中难以应用的困境。

首先，本章研究有助于企业履行社会责任。本章以 D 公司为例，对企业披露的可理解、可比较的环境会计信息进行分析，有助于信息使用者进一步了解企业的真实情况和社会责任的履行情况，帮助企业树立良好的形象和声誉。本章研究可以在一定程度上帮助与 D 公司类似的能源电力企业排查会计信息披露管理的漏洞，审视企业的短板，进而完善企业的管理结构。而高透明度的会计信息披露可以使企业更好地了解自身生产能源的构成，进而推动技术创新，履行绿色转型的社会责任。环境会计信息和会计信息披露作为一种信息传递渠道，能够更好地促进相关国家机关的核查和管理，保证低碳经济体系的运行。当公众能够清晰地了解企业的碳信息披露情况时，可以极大地增强公众的监督意识，有助于环境会计信息会计制度在企业范围内更好地实施。

其次，本章研究可以帮助各利益相关者更好地理解企业的环境会计信息管理策略。对企业的管理人员而言，这些披露数据可以帮助他们进行业务管理，了解企业的运营情况。而且，这一信息对各利益相关者也是极其重要的。利益相关者作为信息的用户，当他们知道了环境会计信息的存在时，就能够对其进行某种程度的监督。如果企业的环境会计信息披露水平较高，信息透明度较高，那么就可以在一定程度上避免企业在相关业务上的简化处理。环境会计信息披露可以极大程度地减少信息的不对称，对企业与信息使用者所拥有的信息量进行均衡，可以帮助利益相关者更好地了解企业在碳减排、低碳转型等方面的管理措施和手段。只有在获得了足够多的信息后，各利益相关者才能对企业做出正确的评价，并对企业的风险做出准确的预测。高质量的信息披露能够增强投资者对企业的信任，有利于企业形象的塑造，有利于企业的发展。

最后，本章研究对政府相关部门开展环境会计信息交易管理有一定的借鉴意义。随着环境会计信息披露的不断完善，当前的会计理论还缺少对环境会计信息进行计量的相关模型，不能适应“碳中和、碳达峰”对企业会计的要求。本章以 D 公司的具体实例为基础，提出了促进企业绿色转型的一些对策和措施，并针对当前的实际情况，对低碳化背景下的环境会计信息披露问题进行了探讨。

13.3　国内外研究现状

13.3.1　国外研究现状

Clarkson 等（2013）研究得出，主动的环境信息公开与绩效预测对企业的价值提升起到了一定的正向作用，有助于投资者对公司价值进行评估。

13.3.2 国内研究现状

陶春华等（2023）基于我国A股上市公司2009—2020年的数据，实证检验了企业ESG评级对审计费用的影响。研究发现，企业ESG评级越高，审计费用越低，通过替换变量、改变样本、滞后一期、PSM方法进行稳健性检验后，结论依然成立。进一步研究发现，媒体关注度越高，企业ESG评级对审计费用的负向影响越显著，说明媒体关注对ESG评级与审计费用之间的关系有调节作用。

张擎（2019）将能源行业全部上市公司2015—2017年的环境会计信息作为样本，对其进行了分析和归纳，并给出了一些有针对性的改进意见。目前，我国的环境会计信息披露相关法律法规还不完善，环境会计信息披露的理论体系还不健全，环境会计信息审计不严格，能源行业上市公司的内部控制还不够完善。其中，环境会计准则缺失是导致环境会计信息披露理论体系不健全的主要原因。张淼（2020）指出，迄今为止国内还没有制定出一套标准的环境会计准则，也缺少一种可操作的信息披露制度，各公司之间也没有约定一种统一的信息披露形式，公司只是按照自己的意愿来选择环境会计信息披露的内容与方式，这就造成了我国公司在环境信息披露工作中一般情况下都会出现信息价值含量低、披露内容零散等一系列问题，而且大多数公司的环境会计信息披露还很少，很多公司的环境会计信息披露并没有达到这项工作的目的，也没有达到利益相关方的要求，造成了环境会计信息的严重不对称。所以，为了维护公司形象，避免因为环境信息不对称而导致的环境风险，重污染行业的公司应该主动地向社会公众及利益相关方公开环境信息，并全面地履行好自己的环境受托职责。

张美（2018）以及王文兵等（2022）等学者都从政策环境和时代经济发展需求的角度出发，探讨了企业碳会计信息披露的可行性，并指出现阶段我国企业碳信息披露并不完备，提出了完善碳审计监督体系等具体举措。唐松莲和王若林（2022）以及胡梦楚等（2022）通过对电力公司的转型路径进行案例分析，提出以绿色战略文化为指导，以企业会计信息披露为核心的转型建议。

13.3.3　文献述评

通过研究发现，国外在会计信息披露以及环境会计信息披露方面已进入成熟阶段，故其主要强调媒体与第三方揭示的重要性，通过第三方进行监督，向投资者与其他利益相关者释放信号，这种战略是很有参考意义的。放眼国内，在环境会计信息披露成规范、成体系方面还未达到欧美国家的水平，还没有制定出一套标准的环境会计准则。我国提出了“双碳”政策，从国家层面重视生态环境。国内大多数研究通过分析带头进行绿色转型的大型企业的实例来了解 ESG 评级对于企业审计费用及财务绩效的影响，或以全行业为研究样本较为完整地分析论证了观点。

13.4　理论基础

13.4.1　“碳达峰、碳中和”

随着全球经济形势的不断变化以及以全球变暖为首的众多生态环境问题的不断严峻，碳排放污染已然成为全球生态环境治理的重点。2020 年 9 月，我国提出要实现“碳达峰、碳中和”，这是以习近平同志为核心的党中央根据国内外形势做出的一项重要战略决定，是努力破解当前面临的资源和环境约束问题，实现中华民族永续发展的必由之路，也是对建立一个人类命运共同体做出的郑重许诺。“双碳”战略倡导的是“绿色”“环保”“低碳”的生活模式。因此，加速我国低碳减排进程，对于指导我国绿色科技的发展，提升我国工业与经济的国际竞争力具有重要意义。中国将继续推动产业、能源等方面的改革，推动新能源的开发，在荒漠、戈壁等地区加速发展大规模的风力发电、太阳能发电等，力求在发展经济的同时，实现绿色转型的目标。

13.4.2 ESG评级指数

随着经济的发展，资源短缺、环境污染等问题不断出现，投资者在投资选择中开始重视环境保护问题，ESG逐渐受到了更多的关注。ESG是一种关注环境、社会、治理绩效的投资理念和企业评价标准。近几年，我国ESG快速发展，普华永道发布的《2023年香港上市公司环境、社会及管制报告调研》显示，香港联交所ESG规则和指引不断严格和健全，ESG信息披露已经进入全新阶段。

近年来，随着“双碳”目标、高质量发展等一系列有利于ESG发展的战略和政策出台，国内ESG体系得到了进一步完善。目前，我国上市公司的ESG披露呈增长态势，2020年约有27%的上市公司发布了ESG报告。随着可持续发展理念的深入人心，“碳达峰”“碳中和”理念的深入人心，环境保护已经成为解决全球气候危机，实现可持续发展的一个关键途径。随着“双碳”目标的确立，以及《2030年前碳达峰行动方案》等重大举措的出台，国家加快了绿色发展的脚步。在这种情况下，ESG评估显得尤为重要。ESG等级的高低会对投资者的注意力和投资动力产生直接的影响。

13.4.3 环境会计及会计信息披露

伴随着工业的发展，人类在环境问题上主要经历了沉痛的代价、宝贵的觉醒以及历史性的飞跃三个重要阶段。在经历前两个阶段后，人类不断反思，在环境问题上有了更深层次的认识。从 1972 年 6 月首次联合国人类环境会议召开，通过了《人类环境宣言》并确立了对环境问题的共同看法和原则，再到 2012 年 6 月在巴西召开联合国可持续发展大会，讨论了可持续发展目标，提出绿色经济在可持续发展中起着举足轻重的作用，每次对环境与经济关系的深入认识都验证了认识、探索并解决因自然资源过度消耗和生态环境急速恶化所引发的一系列环境问题应是环境会计研究的重要动因。

企业是环境污染的一个重要源头，所以，企业应该将自身对资源的消耗情况、对环境的影响以及对此所做的环保工作进行详细的记载。在传统的会计中，忽视了企业的社会责任，从而造成企业忽视了自身的需要，所以很难达到长期发展的目的。企业应对自然能源成本以及配套的人工能源成本的增加与减少进行分析，这样才能实现可持续发展。

环境会计的信息披露离不开环境会计的会计环境，它主要由对环境会计产生影响的政治体制、经济和科技发展水平、法律约束、企业和职工道德素质和文化状况以及资源配置等因素构成。与环境会计信息有关的三个行为主体是：环境会计信息使用者，环境会计信息披露者，环境会计信息评价和鉴证者。在公司制下，外部环境信息使用者、公司管理当局和会计人员之间存在着相互依赖和依存的关系，环境信息披露的合法、公允、效益和真实程度是三者之间多次博弈的结果。具体而言，外部环境信息的使用者希望公司披露符合自身需求的环境信息，作为环境信息提供者的公司管理当局会从自身利益出发考虑愿意披露的环境信息，而会计人员则会从自身能力出发，从公司管理当局的利益出发，对能够提供的环境信息进行披露。

显然，只有环境信息使用者需要的信息、公司愿意提供的信息且会计能够提供的信息，才是公司对外披露的信息。审计师只能在此披露的信息范围内依据审计标准受托对公司应承担的环境责任进行审计评价和鉴证。环境会计信息披露是环境会计研究领域的重要部分。环境会计信息披露是指企业将与其生产经营活动密切相关的环境会计信息披露给利益相关者，是向其进行信息传递的一种公共行为。为解决我国当前面临的环境污染与损害问题，必须进行环境信息披露。按照未来趋势，环境会计信息披露会是企业财务报表中一个非常关键的组成部分。

在世界范围内，公司为履行社会义务，在环境信息披露上进行了广泛的实践。美国、欧洲等多个经济体都确立了公司的环境信息披露体系，其执行效果表明，公司的环保观念得到了加强，推动了公司向环保方向发展，并提高了公司在减少温室气体及污染物排放方面的自主性与积极性。

目前，国内外关于环境信息披露的研究大多是围绕三个方面展开的，分别是上市公司、证券监督机构和公共行政方面的研究。在环境信息披露方面，但凡生产、加工、使用有毒和危险的材料，以及存在排污等，上市公司都是需要向公众公布相关信息的。在证券监管的范围内，通常情况下，环境要素对公司的成本收益、环境行政或司法诉讼、竞争力的影响等方面的信息较多，因此，需要上市公司公开对财务信息有重要影响的环境信息。在公共行政方面，欧盟要求大公司以及公众权益者（如信贷机构、保险公司等）对其在环境等方面所采取的政策、绩效以及风险等进行公开。

美国和欧盟都要求企业通过统一的制式表格披露环境信息，而证券监管当局则要求企业通过财务报告或 ESG 报告两种形式披露环境信息。在环境信息披露监督方面，美国和欧盟均建立了多种数据质量保障机制，美国每年抽取 3% 左右的企业开展数据真实性核查，并将有毒物质释放清单数据与其他项目所要求报告的数据进行交叉核对。在违规责任追究与处罚机制方面，均对违规披露行为确立了环保部门行政罚款、法院民事罚款以及公民诉讼等责任追究机制。

13.4.4 能源行业绿色转型

能源转型分为以下两个层次。一是主导能源的转型。也就是说，一种能源取代了另一种能源的主导地位，从而形成了一种能源结构的调整。能源转型过程中的一个重要表现是新能源消耗量的扩大和在消耗结构中占比的增加，但并不排斥被替代的能源（旧能源）。在技术进步的条件下，可以更经济、更清洁、更高效。二是改变能源系统。能源系统通常是指将自然能源转化为高效能源的系统。这是人类生产和生活所必需的。能源系统是国家或地区在经济和社会发展中存在的具有特定社会功能的系统之一，它既包括能源资源和与能源、储存和运输、消费相关的物理设施、技术、知识体系等，也包括企业网络和社会因素，如政府机构、企业、消费者、系统法规和相关法规等。

我国实现"碳达峰、碳中和"目标的关键在于能源转型。中国有丰富的风能、太阳能、页岩气和沼气。2005 年以来，风力涡轮机的年生产能力几乎翻了一番，目前仍处于快速增长阶段。中国也是世界上最大的太阳能组件生产国，光伏安装量居世界首位。这给了中国更多的空间来减少对传统化石燃料的依赖，从而改善能源结构。

早在 2014 年，习近平总书记就聚焦中国能源安全战略提出了"能源革命"，包括能源消费、能源供给、能源技术和能源体制四个方面。国务院发展研究中心资源与环境政策研究所在《中国能源革命十年展望（2021—2030）》中指出，中国将有序推动形成"双循环"新发展格局和绿色能源体系，"十四五"期间努力推动非化石能源和天然气等清洁能源需求量占比合计超过 30%（2019 年为 23.4%）、煤炭占比降至 50% 以下（2019 年为 57.7%），同时也将安全高效发展沿海地区核电、小型堆核能综合利用。

我国能源转型有三个重点方向：一是发展太阳能和风能，二是发展核能，三是发展传统化石能源的前沿技术。太阳能发电分为光伏发电和光热发电两类，光伏发电的主要原理是利用半导体材料的光电效应，将太阳能转换成电能，其发电厂又称为光伏发电厂。风力发电是指把风的动能转为电能，风是没有公害的能源之一，是真正取之不尽、用之不竭的自然资源。核能发电是利用核反应堆中核裂变所释放出的热能进行发电，以核裂变能代替矿物燃料的化学能，不会产生加重地球温室效应的二氧化碳。传统化石能源的前沿技术包括 IGCC 及多联产技术、循环流化床技术、煤间接制油及甲醇制烯烃（DMTO）这三种技术，发展三种前沿技术的目的在于减少碳与污染物的排放，不断使化石能源清洁化。

本章所选取的案例是 D 公司，该企业隶属于以煤炭等化石能源为主要燃料，通过火力发电机组发电的行业，近几年由于行业转型与绿色发展的迫切需要，D 公司的转型方向也可称为新能源发电，发展方向主要是光伏发电与风能发电，水力发电次之。

13.4.5 ESG 投资理念下环境会计信息披露的必要性

环境信息披露是企业提升 ESG 环境表现的必然要求。《中国上市公司环境、社会和治理研究报告（2020）》指出，在环境、社会和治理三个维度中，中国上市公司在环境维度的实践水平较差，所面临的环境影响管理挑战也最大。随着 ESG 投资理念和实践的迅速普及，相对于社会和治理维度，环境维度将会受到更多关注和审查。要从根本上缓解企业面临的 ESG 环境维度的压力，就必须管控好企业面临的环境风险，通过加强环境信息披露提升 ESG 环境表现，以积极回应监管要求和资金方的 ESG 投资要求。

ESG 投资理念本质上是指在考虑企业传统财务因素的同时，将环境等非财务因素纳入决策过程，推行可持续发展的价值观。ESG 投资是一种价值取向型投资。从环保角度看，ESG 投资将对于环保的重视从企业的生产经营环节前移至企业融资环节，从根本上防止污染项目的形成和发展，这正是践行《环境保护法》中“保护优先”和“预防为主”原则的具体体现。所以，提升企业环境信息披露水平是提升企业 ESG 环境表现、获得长远发展机会的必然要求。

13.4.6 “双碳”目标下能源行业转型的必要性

在我国，高碳化率的矿物燃料占到了85%左右。要减少二氧化碳排放，就要推进以矿物能源为主体的能源结构的转变。在这些变化中，受到冲击的是传统能源公司。以低碳能源取代传统的化石能源，是我国能源公司进行商业变革的必然选择。

通过对我国电力行业上市公司的环境会计信息披露情况进行梳理，可以看出，上市公司以年度报告和社会责任报告两种形式进行了信息披露。上市公司一般都是以这两种方法之一为主，也有一些公司会采用这两种方法来对环境会计信息的不同层面进行公开。

能源结构转变是我国实现“碳达峰、碳中和”的关键。中国政府提出力争2030年前实现碳达峰，2060年前实现碳中和，而在此期间，将会有很多的技术革新，这也为中国的能源公司带来了新的机会，所以，要积极地参与到低碳生产、技术研发、市场推广等活动中来。随着全球变暖趋势的加剧，新能源系统的稳定性和安全性将进一步提高，以防出现更多的极端事故。

13.4.7 能源行业环境会计信息披露的必要性

13.4.7.1 环境会计信息披露是保护资源和改善环境的迫切需要

伴随着我国经济的持续高速发展，生态环境的破坏和退化问题不断凸显。资源的浪费、环境的污染以及生态的退化对人们的生活以及经济的发展造成了很大的负面影响，而这些都与对资源的无偿消耗、对污染防治的不加计量以及对相关环境信息的不加披露有很大的关系。从这一点来看，实施环境会计信息披露已经变得非常迫切了。

13.4.7.2 企业利益相者需要了解环境会计公开信息

从总体上讲，企业环境信息的外部用户主要有：政府，监管机构，现实及潜在投资人，作为债权人的银行及其他金融机构，商品市场上的有关各方，企业员工和他们的工会组织，以及社会公众。环境会计信息披露能够对企业利益相关者的决策产生影响，有助于企业塑造良好的环保形象，确立自身的竞争优势。在这种情况下，对企业的会计工作提出了更高的要求。

13.4.7.3 环境会计信息披露能够推动绿色转型

进行环境会计信息披露是企业的一种社会责任，也是消除因信息不对称而造成的市场失灵的一种重要方法，还可以起到社会监督的效果，推动建立一个现代化的环境治理体制。进行环境会计信息披露，必须加强企业的环境责任教育，需要企业对其环境信息积极公开，并自觉遵纪守法，履行环境责任，同时对企业的环境意识进行全方位的提升，对环境行为进行改进。在进行环境信息披露的过程中，可以为市场相关方提供全面、准确的环境信息，这对充分发挥市场配置环境资源的作用，对绿色技术的研发应用以及环境污染治理第三方市场的发展具有积极影响。通过环境信息披露，可以更好地凝聚社会舆论，指导社会大众对公司的绿色、低碳产品做出正确的判断和选择，提高公众对公司进行环保监管的热情和效率，从而在整个社会上形成一种推动绿色转型的合力。

13.5 案例分析——以 D 公司为例

13.5.1 案例公司介绍

D 公司是中国能源领域最大的综合能源企业之一。如今，在全球能源转型的大背景下，D 公司积极响应“生态文明建设”的号召，加快推进绿色转型。随着绿色发展理念不断深入人心，D 公司通过开展多项绿色转型实践，积极履行社会责任，推动绿色经济发展。在绿色转型实践中，D公司充分认识到会计信息披露对于企业的重要性。会计信息披露是企业经营活动的重要组成部分，对于保障交易的公平公正和投资者的利益至关重要。

本章选取D公司为例，剖析了它的转型动机与转型途径，并分析会计信息披露在转型中起到的推动作用，这对能源企业绿色发展以及长远发展有着重要意义。

13.5.2　主要财务指标分析

表13-1为D公司2017—2022年的主要财务指标数据。由表中数据可以得出以下结论：D公司营业收入由2017年的1524.59亿元提升至2022年的2467.25亿元，但不难看出，受到新冠疫情影响，盈利能力各项指标呈下跌趋势。2017年以来，企业资产负债率普遍在60%以上，偿债能力近乎微弱，但速动比率近几年有增长的趋势，从2017年的0.26增加至2022年的0.38。虽然前期指标状况不佳，但企业依靠新能源的发展，营业收入增长率从2017年的10.36%增长至2022年的20.59%，可以说是呈现高速增长的状况。由于2020—2022年新冠疫情的影响，企业营收出现波动，导致资产收益状况并不理想，甚至在2021年和2022年出现负增长的状况，如销售净利率和净资产收益率。要想实现营收上的增长，只有推动企业的绿色转型，将电力业务侧重于使用新能源，并配合一定的政策倾斜。

表13-1　D公司主要财务指标

主要财务指标	2017年	2018年	2019年	2020年	2021年	2022年
营业收入/亿元	1524.59	1698.61	1734.85	1694.39	2046.05	2467.25
营业利润/亿元	40.95	36.48	46.39	96.28	–148.02	–59.32
盈利能力：						
销售净利率/%	1.41	1.42	1.37	3.37	–6.19	–2.98

续表

主要财务指标	2017 年	2018 年	2019 年	2020 年	2021 年	2022 年
净资产收益率 /%	2.28	1.81	1.86	4.15	-9.05	-3.60
营运能力：						
存货周转率 / 次	18.96	17.80	16.08	18.07	17.53	18.41
应收账款周转率 / 次	8.52	7.31	6.94	6.28	5.97	5.18
总资产周转率 / 次	0.44	0.43	0.42	0.40	0.44	0.39
偿债能力：						
资产负债率 /%	75.65	74.77	71.64	67.71	74.72	75.36
流动比率	0.31	0.45	0.43	0.43	0.50	0.49
速动比率	0.26	0.37	0.36	0.38	0.38	0.38
发展能力：						
营业收入增长率 /%	10.36	11.04	2.13	-2.39	20.75	20.59
营业利润增长率 /%	-76.67	-7.63	27.15	114.45	-253.74	-26.17

资料来源：根据 D 公司年报整理得到。

13.5.3 披露推进过程

目前，世界的经济与政治图景发生了根本性的变化，国家环保政策的力度越来越大，新能源、清洁能源生产也开始蓬勃发展。在此背景下，国家对环境、社会、治理等方面进行了深入研究。D 公司在做强主业和创造价值的基础上，对环境保护的有关工作进行了深入的探讨。在 D 公司的内部治理结构方面，战略、审计、提名、薪酬及考评四大专业委员会按照公司的章程及董事会的规定，行使各自的职能，并从事公司的企业文化推广和其他 ESG 方面的工作。

同时，D 公司在数据的搜集上也采取了一套标准的方法，制定了一套详尽、规范的申报审查程序及申报工具，对 ESG 的信息采集进行了标准化。D 公司自 2016 年发布《环境、社会及管治报告》以来，不断对此进行探讨，并不断改进其工作程序。D 公司于 2020 年将公司财务报表的准备与披露过程写入公司《内部控制手册》中，进一步完善公司的内部控制程序。D公司实施了一系列的重大事项辨识过程，以便更好地了解重大事件给各利益主体带来的冲击。为了增强环保效果，履行企业的社会责任，D公司采用问卷调查、访谈等方法，搜集并梳理了各方所关心的问题，并对这些问题的重要程度进行了分析与排名。

如表13-2所示，D公司的主要披露途径有四种，分别是年报、可持续发展报告、社会责任报告和ESG报告。在报告中，D公司通过图表和文字的形式，传递绿色环保信息，披露与环境绩效和环保技术研发相关的信息，如三废排放、能源消耗量、清洁能源装机、最新的绿色创新成果以及取得重大进展的科研项目等。

表13-2　D公司的主要披露途径

披露途径	2013年	2014年	2015年	2016年	2017年	2018年	2019年	2020年	2021年	2022年
年报	√	√	√	√	√	√	√	√	√	√
可持续发展报告	√	√	√	√	√	√	√	√	√	√
社会责任报告	√	√	√	√	√	√	√	√	√	√
ESG报告	/	/	/	√	√	√	√	√	√	√

资料来源：根据前瞻网数据整理得到。

13.6　D公司绿色转型的经济成效

13.6.1　低碳减排初见成效

在国家政策、法规、技术标准等逐步健全的情况下，我国火电行业的绿色转型正在加速。我国火电公司在获得巨大经济效益的同时，也给环境与生态带来了严重的危害。煤燃烧时，会产生大量的硫化物和氮化物。二氧化硫排放绩效值是指每发一次电所产生的二氧化硫质量，单位为克 / 千瓦时，氮氧化物排放绩效值也是如此。绩效值越小，则表示单位发电时所排放的废气污染量越小。D 公司环境绩效重要指标如表 13–3 所示。

表 13–3　D 公司环境绩效重要指标

年份	氮氧化物排放绩效值	二氧化硫排放绩效值
2017	0.149	0.112
2018	0.131	0.057
2019	0.133	0.058
2020	0.131	0.070
2021	0.130	0.065
2022	0.130	0.060

资料来源：D 公司 ESG 报告。

从 D 公司的 ESG 报告中可以看出，D 公司正在积极推动现有机组的热电联产技术改造、电厂脱硫系统的升级、二氧化碳捕集技术的研究和开发，以及灰场的处理等环境改造，从而促进了公司的低碳排放。

13.6.2　绿色创新能力以及绿色投资提高

绿色转型具有较高的不确定性，而且初期要进行巨大的投资，对于公司来说，这是一项纯开支，给公司带来了巨大的融资压力，同时也很难保证效果。在重工业向“绿色”转变的进程中，政府这只“有形之手”将给予补助，并通过“正当化的动机”来促进其对“环保项目”的投资。如果企业想顺利地实现转型，就必须依靠科技创新，而科技创新离不开对研发的投入，研发投入是企业进行自主创新的重要支持。

表 13–4 反映了 D 公司在研发方面的投入占总成本的比重，从中

可以看到，D公司的研发投入从2017年的0.45亿元增加到了2022年的16.07亿元。政府的环保补助也相应增加，这既可以让企业得到资金支持，缓解其资金压力，加大绿色投资和推进绿色项目建设，也可以向社会各界传递出利好信息，引导大量社会资金和融资资源进入企业。

表13-4 D公司绿色投入与环保补助

项目	2017年	2018年	2019年	2020年	2021年	2022年
营业总成本/亿元	1352.09	1684.47	1654.50	1562.74	2226.29	2575.74
研发费用/亿元	0.45	0.46	0.65	6.68	13.25	16.07
研发费用占总成本的比重/%	0.034	0.027	0.039	0.43	0.60	0.62
环保补助/亿元	11.35	12.25	11.92	10.89	11.32	12.75

资料来源：D公司年报。

企业通过绿色转型项目获取的政府补贴一般会用于投资环保工程，这符合电力行业的特征。本章还将通过衡量绿色专利申请量和获得量来研究企业绿色创新的成效。如表13-5所示，2017—2022年，D公司的绿色专利申请数量和获得数量都呈现出快速增长的趋势。2022年，D公司绿色专利申请占比已达49.79%，绿色专利获得占比达到了39.59%。这显示了D公司对自身环保技术的高度关注，以及在环保领域投资力度的不断加大。

表13-5 D公司绿色专利申请和获得情况

项目	2017年	2018年	2019年	2020年	2021年	2022年
绿色专利申请/个	79	62	140	144	132	151
专利申请/个	194	179	354	290	295	311
绿色专利申请占比/%	40.72	34.64	39.55	49.66	47.57	49.79
绿色专利获得/个	26	44	43	111	103	116
专利获得/个	105	148	158	374	277	293
绿色专利获得占比/%	24.76	29.73	27.22	29.68	37.18	39.59

资料来源：CNRDS数据库。

根据公司公开信息，D公司以绿色电力、低碳生产排放及提升效能为重点进行了研究与创新。在碳捕获领域，D公司与其他研究单位进行了深入的协作，完成了28项重大课题的研究，包括联产装置的性能在线诊断及运行最优辅助决策系统的研制，以及15项重大课题的验收。D公司自主研发的DCS和新型可编程逻辑控制器（PLC）在公司下属的电站顺利投入运行，并且公司在700摄氏度高效发电技术和高碱煤的核心技术等方面也有了较大的突破，推动了公司能源的高效利用。

13.6.3 ESG评级上调

ESG作为“双碳”目标达成的重要战略支撑，是中国绿色转型众多环节中的重要一环。ESG评级反映了上市公司的经济、社会、环境综合价值，资产管理机构可据此辨识投资对象的可持续发展能力。本章主要选择三家权威ESG评级机构所披露的数据进行评级分析。第一家是商道融绿，其ESG评级覆盖范围包括中国境内全部上市公司，港股通中的香港上市公司，以及主要的债券发行主体等，有着非常广泛的数据来源，具体ESG数据涵盖企业、行业和宏观层面。第二家是社会价值投资联盟，简称“社投盟”，是一家专业性很强的评级机构。第三家是Wind，在财务数据领域，Wind构建了完整准确的以金融证券数据为核心的一流大型金融工程和财经数据仓库。

在提出“双碳”目标的大背景下，正面的ESG绩效能够提升公司的可持续发展能力，提升公司的环保形象。从表13-6可以看出，虽然三家评级机构对D公司的ESG评价不尽相同，但评级在逐步提升，其中，Wind对D公司的ESG评价历年来均为A。由知名评级机构给予的高ESG评级，通常可以给公司带来更好的经济效益，帮助公司树立一个环境友好、有社会责任感的良好形象，进而吸引具有ESG理念的投资人。不断提高D公司的ESG评级，有助于提高股东对公司的满意度，为公司树立“绿色声誉”。

表 13-6　D 公司 ESG 评级变化

年份	商道融绿	社会价值投资联盟	Wind
2017	C	BBB+	
2018	B+	A–	A
2019	B+	A–	A
2020	B+	A–	A
2021	B+	A–	A

资料来源：Wind 数据库、商道融绿和社会价值投资联盟。

彭博公司公布的 ESG 评级包括了整体得分和环境、社会、治理等方面的得分。从表 13-7 中可以看出，在 2015 年之后，D 公司的环境、社会和治理三个子指标都得到了改善。在 D 公司的社会责任披露指数中，变动最大的是 ESG 指数，从 2015 年的 20.25 上升至 2022 年的 40.01，而环境指数则从 2015 年的 6.98 上升至 2022 年的 36.45，表明 D 公司已经开始向低碳减排方向发展。

表 13-7　彭博企业社会责任披露指数

年份	ESG	环境 E	社会 S	治理 G
2015	20.25	6.98	28.07	42.86
2016	33.47	31.78	28.07	42.86
2017	36.78	37.98	28.07	42.86
2018	38.02	35.66	28.07	53.57
2019	38.02	34.35	28.07	53.57
2020	38.02	35.47	28.07	53.57
2021	38.02	35.66	28.07	53.57
2022	40.01	36.45	28.07	54.36

资料来源：彭博 ESG 数据。

如图 13-1 所示，D 公司 2019 年在建工程新增 366.83 亿元。到 2022 年，在建工程达到 501.20 亿元，占到固定资产的 18.82%。2021 年至 2022 年，在建工程的占比虽有下降，但仍然处于较高、较稳定的水平。

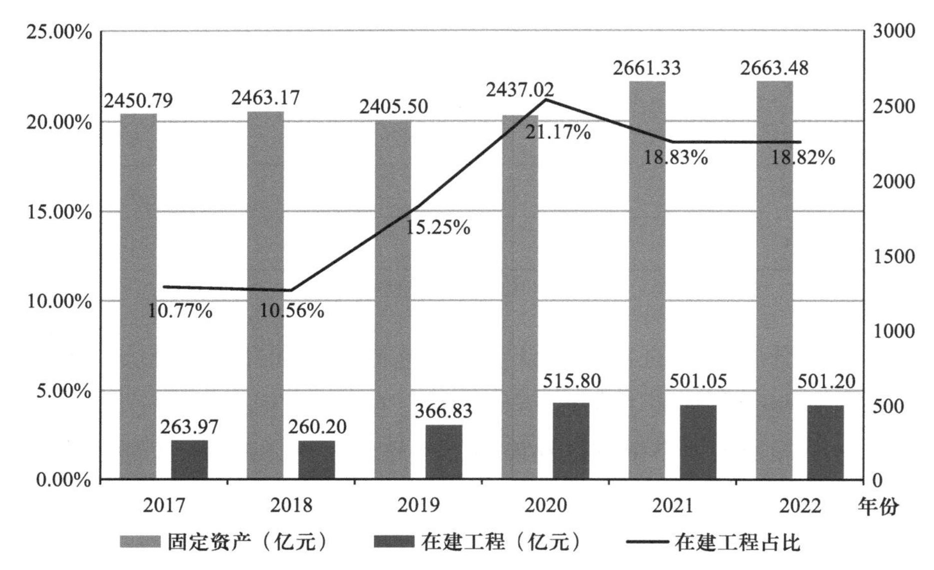

图 13-1　2017—2022 年 D 公司固定资产与在建工程

资料来源：根据公司年报整理得到。

本章选取了几个具有典型性的衡量环境绩效的指标来分析 D 公司 2017—2022 年的环境绩效情况以及变化趋势。

如表 13-8 所示，2018 年 D 公司的光伏发电量是 2017 年的 2 倍多，此后涨幅虽在变小，但仍处于增长状态。风力发电量也以较平稳的速度逐年增长。虽然火力发电占比仍然较高，清洁能源总体占比较低，但是清洁能源的增幅大、增速快，能源结构得到一定程度的优化。

表 13-8　2017—2022 年 D 公司境内风力、水力、光伏发电量

单位：万千瓦

年份	风电	水电	光伏发电
2017	759300	9750	5530
2018	1010500	10680	11410

续表

年份	风电	水电	光伏发电
2019	1122200	83100	13860
2020	1410400	96900	23910
2021	2083400	92500	35820
2022	2806800	87400	60750

资料来源：根据公司年报整理得到。

表 13-9 揭示了 D 公司清洁能源装机占比与环境绩效的变化。

表 13-9　2017—2022 年 D 公司清洁能源装机占比与环境绩效变化

单位：克 / 千瓦时

项目	2017 年	2018 年	2019 年	2020 年	2021 年	2022 年
清洁能源装机占比 /%	15.49	16.50	16.92	20.60	22.39	26.07
供电煤耗	306.48	307.03	294.01	291.08	290.69	287.69
NO_x 排放	0.15	0.13	0.13	0.13	0.14	0.13
SO_2 排放	0.11	0.06	0.06	0.07	0.07	0.06
烟尘排放	0.02	0.01	0.01	0.01	0.01	0.008

资料来源：D 公司 ESG 报告。

如表 3-19 所示，D 公司清洁能源装机占比从 2017 年的 15.49% 增长至 2022 年的 26.07%，这说明了 D 公司对清洁能源的重视及利用。截至 2022 年 12 月 31 日，D 公司可控发电装机容量为 127228 兆瓦，其中清洁能源装机容量为 33171 兆瓦，公司整体清洁低碳发电占总装机并网量的 26.07%。随着研发投入的大幅增加以及科研技术的突破，供电所需煤炭的耗用量呈逐年下降趋势，火电的清洁力度显著提高。能源结构的转变使得企业在废气排放、烟尘排放等方面得到了较明显的改善。由此可见，企业进行绿色转型会给环境绩效的提升带来正向的推动作用。

当前，我国城市空气污染日趋严峻，污染物以细颗粒物和臭氧为主。燃煤电厂产生的煤灰和灰尘是大气中最重要的一类污染物，加强煤灰和灰尘的污染治理，将有助于大气环境质量的提高。因此，对环保的效果进行评估时，应将产生的烟尘作为一个重要的评估因素。D公司的碳排放量由2017年的0.02克/千瓦时降低至2022年的0.008克/千瓦时，这是一个快速的减排过程。这也说明D公司的环保技术已经取得了很好的效果。此外，公司的ESG报告近几年也披露得比较全面，从中看出D公司正在积极推动现有机组的热电联产技术改造、电厂脱硫系统的升级、二氧化碳捕集技术的研究和开发，以及灰场的处理等环境改造，从而促进了公司的低碳排放。

由图13–2可以看到，自2017年至2020年，D公司的火电业务一直是主要业务，可以说是D公司利润的主要来源。但随着“双碳”战略的大力推进，火电原材料即煤炭价格的大幅上涨，2021年火电业务的亏损达到了108.60亿元，2022年也是亏损了64.35亿元，而以风力发电为主的一系列新能源发电项目则继续维持着盈利，2021年总收益达到了75.54亿元，在2022年增加至100.10亿元。在某种意义上，它已经部分弥补了由火电业务造成的亏损。其中，风电、水电等产品的单价利润比较高，而且市场发展趋势也比较清晰。由于原材料供应、市场饱和程度等方面的原因，现阶段火电的盈利能力受到了限制，目前处于低盈利状态，或者是出现了亏损。从长期来看，公司进行绿色转型，开发新能源，可以给公司带来较好的利润。

受我国能源短缺的影响，D公司2021年的煤炭价格上涨幅度达到60.85%，其运营费用较2020年同期大幅增加。同期，国内火电站销售电力的单位燃油费用增长51.32%，但运营电站的平均发电结算电费却只增长4.41%，这一巨大的差额导致D公司出现了亏损，净利润为负。但抛开这种极端现象不谈，D公司2019年和2020年的经营业绩一直都很好，2020年的净利润更是达到了45.65亿元，这意味着公司的盈利能力依然很强。另外，从D公司各类能源发电项目的财务绩效

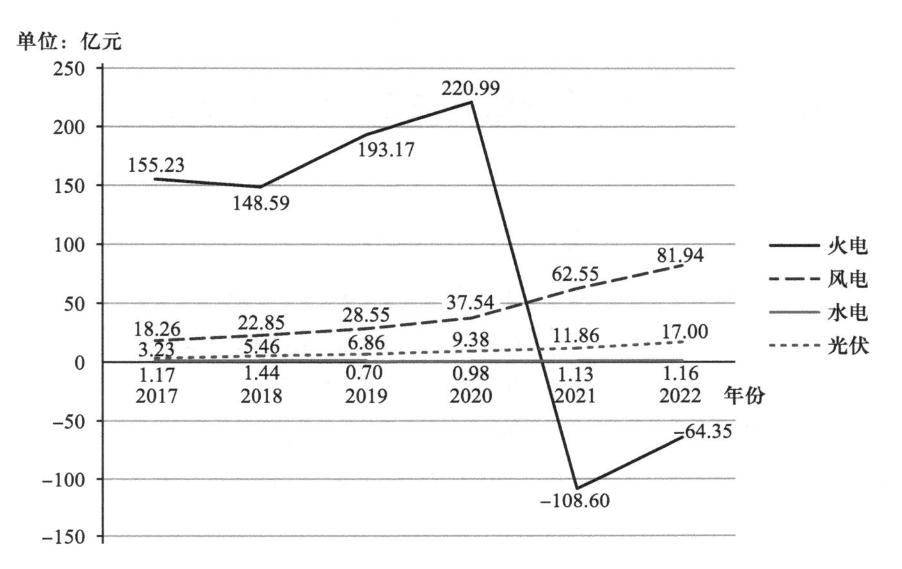

图 13-2　2017—2022 年 D 公司各发电类型获得利润

资料来源：根据公司年报整理得到。

不难看出，D 公司一直在放眼长远目标，加快绿色转型。以风电为首的清洁能源发电，在公司发挥了非常重要的增收作用。

13.7　同行业横向对比分析——以 E 公司为例

13.7.1　E 公司介绍以及比较原因

E 公司的主营业务为电力、热力生产及销售，涵盖火电、水电、风力发电、太阳能、燃煤等行业，业务遍布中国 28 个省、自治区和直辖市。选择 E 公司与 D 公司进行对比的原因主要有以下两点：首先，E 公司与 D 公司属于同行业企业，存在竞争关系，而且都是上市多年的老牌电力企业；其次，两家企业都处在绿色转型的进程中，都通过会计信息披露不断改善且不断接受监督。

13.7.2 E公司会计信息披露与绿色转型进程

E公司作为能源电力行业的知名企业，必然也要承担社会责任，肩负起绿色转型大任。会计信息披露是反映信息的重要方式，利益相关者可以对披露的信息进行分析与衡量。E公司的环境信息通过以下三个途径进行披露：社会责任报告，外部ESG评级指数，年度报告。

从E公司披露的会计信息可以直观看出，E公司与D公司各个方面的指标都存在着不小的差异，其2017—2022年的营业收入与D公司相比每年都有一定的差距，但E公司在利润方面优于D公司（见表13-10）。

表13-10 D公司与E公司主要财务指标对比

财务指标	2017年		2018年		2019年	
	D公司	E公司	D公司	E公司	D公司	E公司
营业收入/亿元	1524.59	598.33	1698.61	654.90	1734.85	1165.99
营业总成本/亿元	1352.09	590.50	1684.47	664.06	1654.50	1089.33
研发费用/亿元	0.45	0.16	0.46	0.07	0.65	3.20
利润总额/亿元	37.20	37.84	3.88	2.90	24.35	23.21

财务指标	2020年		2021年		2022年	
	D公司	E公司	D公司	E公司	D公司	E公司
营业收入/亿元	1694.39	1164.21	2046.05	1681.85	2467.25	1862.76
营业总成本/亿元	1562.74	1044.80	2226.29	1685.25	2575.74	1879.59
研发费用/亿元	6.68	3.74	13.25	4.97	16.07	4.31
利润总额/亿元	10.99	2.08	-142.77	-15.23	-97.03	-16.83

资料来源：根据公司年报整理得到。

绿色转型的根本行动是对绿色电力的投入以及对新能源的开发，那么研发费用可以反映企业在开发与转型中的重要支出。D公司2017—2022年研发投入每年都在快速增长，在2022年更是达到了

16.07亿元。而E公司在研发投入方面则不及D公司，从2017年的0.16亿元增长至2022年的4.31亿元，增速较缓，且2017—2022年总投入不过20亿元，可以看出E公司在披露与转型方面的进程较为缓慢。表13-11列举了2017—2022年两家企业的ESG评级对比。

表13-11　D公司与E公司ESG评级对比

ESG评级	2017年	2018年	2019年	2020年	2021年	2022年
D公司	A	A	A	A	AA	A
E公司	BB	BBB	BB	BB	BBB	BB

资料来源：根据公司年度报告整理得到。

从ESG评级数据可明显看出，D公司相对于同行业的E公司在社会责任表现上是非常优秀的企业，佐证了本章关于D公司的观点，再次说明D公司通过会计信息披露推动绿色转型的道路是可借鉴学习的，只有披露足够完整，监督督促足够完善，落实转型才足够有力。

13.8　相关建议与措施

13.8.1　对于能源行业绿色转型的建议

应加强环境信息披露的透明度，例如，应披露有关环境保护的法律法规的执行情况，有无发生环境事故，资源消耗情况，尾气、废水的排放与回收情况，工厂绿化等环境管理活动，环保投资与研发，等等。在公布了年度排放量之后，还应该提供过去几年的数据，这样可以让信息使用者更直接地看到污染物排放的改进情况，从而让公司能够更长久地关注到环境会计的绩效信息。

在转型过程中应合理地控制成本。D公司可以将煤炭和电力相结合来发展上下游产业，将整个产业链的上游和下游结合起来，并根据其循环特性，对其运行环境进行动态监控，从而最大限度地降低其运行费用，提升其运行效益。在燃煤方面，通过数字化可以推动燃煤管理的智能化，提升经营效益和管理效率。在燃料成本控制上，D公司一部分是协议采购，一部分是市场购买燃煤，公司可以加强燃料的集约化使用，抓实长期煤合同的签订和履行，坚持采购优质进口煤。

13.8.2 实现绿色转型以及完善环境会计信息披露的措施

加大研究开发力度，促进技术进步是能源行业转型的根本。D公司十分注重科技的发展，未来应该进一步加强科技开发，将科技的发展和进步变成技术专利，使D公司的核心竞争力得到最大限度的提高。D公司可以通过与高校合作，建立科研机构，为公司输送专门的科研人员。与此同时，应将人力物力投入到洁净煤炭和绿色能源上，利用其自身的产业链优势来争夺电能的细分领域。并且，D公司还可以利用环保技术改造升级发电设备，有效地转化绿色研发成果，内化环保成本，增强发展潜力。

在此基础上，还需进一步健全和完善与环境会计信息披露有关的法律和制度。法律法规能为企业的审计工作提供法律依据，推动环境会计实现“有法可依”，并为企业的信息披露提供一个统一的标准。

绿色创新是一个循序渐进的过程，从“浅绿色”逐渐发展到“深绿色”。企业要根据自身的具体条件，从不同的角度，采取不同的方式，并在不同的层面上进行尝试。在转型的早期，企业会面临成本增加、效果不明显等问题。然而，如果把绿色转型整合到企业的整个生产过程中，从长期来看，则能够提高企业的环保性能，降低由于环保问题而带来的附加开支。因此，燃煤发电企业必须加快绿色转型的脚步。

未来，随着我国会计信息披露规范与制度的完善，随着我国能源结构调整的加快，绿色能源产业将迎来更加广阔的发展空间。燃煤发电企业应加强与业内主要合作伙伴及拥有丰富资源和行业经验的企业和机构的合作，推动新能源领域的技术进步和商业应用。

13.9　总　结

本章选取电力行业的龙头企业 D 公司作为案例，研究“双碳”目标下环境会计信息披露与 ESG 披露相结合如何助推绿色转型，并引入同行业公司 E 公司进行横向比较。本章主要强调企业应该逐步实现环境会计信息披露的透明化、公开化，这是对市场环境以及全社会利好的重要举措。为了提升公司年度报告的信息披露水平，应从信息的内容与数量两个方面对公司年度报告的信息进行进一步的规范。

本章认为会计信息披露将继续成为推动 D 公司绿色转型的有效手段。首先，通过透明、及时、准确的会计信息披露，D 公司能够更好地满足投资者和其他利益相关者的信息需求，提高市场认可度和信誉度。其次，会计信息披露可以帮助企业建立健全环境、社会和治理机制，进而带动绿色转型和可持续经营。此外，会计信息披露还可以促进 D 公司加强内部管理与风险控制，降低经营风险。可以说，会计信息披露不仅是企业履行社会责任的体现，更是企业实现绿色转型与可持续发展的重要途径。

信息披露质量不够高、透明度不足、披露内容不够全面等，都会对 D 公司的绿色转型产生不利影响。因此，未来 D 公司需要继续努力，改进信息披露机制，提高信息披露质量和透明度。同时，需要更为深入地挖掘与分析信息披露背后的企业治理和社会责任等方面的问题，以全面促进 D 公司实现绿色转型。

第十四章

改善环境信息披露的对策和建议

如前文所述，环境信息披露在保护环境、促进可持续发展、促进企业财务绩效和环境绩效提升方面发挥着重要作用。然而，通过相关案例和实证研究发现，当前的环境信息披露存在很多问题，包括信息不透明、缺乏标准和规范、信息利用率低等。如何才能改进环境信息披露的效率，从质量和数量上满足利益相关者的需求是当下亟须解决的问题。

14.1　建立环境信息披露标准和规范

到目前为止，我国尚未完全建立统一的环境信息披露标准，仅通过 2021 年发布的《企业环境信息依法披露管理办法》对特定规模和行业企业的环境信息披露进行规范和指导，而上市公司则遵循中国证券监督管理委员会（CSRC）和证券交易所制定的一系列规定和意见进行披露。此外，中国还参考了国际上的环境信息披露标准，如全球报告倡议和国际一体化报告倡议等，以提高环境信息披露的国际比较性和可比性。

这些现行的管理办法都存在显而易见的缺陷。第一，现行的管理办法没有明确规定具体的环境信息披露指标和数据要求，这导致企业在披露环境信息时存在较大的自由度，难以实现信息的可比性和一致性。第二，现行的管理办法对企业环境信息披露的内容要求较为宽泛，没有明确具体的披露要素和指标，而缺乏明确的披露要求使得企业在披露环境信息时存在主观性和选择性，可能会遗漏重要的环境信息。第三，现行的管理办法对环境信息披露的频率没有具体规定，只要求按照规定的时间向社会公众披露，这导致企业披露环境信息的时效性和连续性不足。第四，现行的管理办法对于监管和执法方面的规定较为模糊，没有明确的责任主体和具体的处罚措施，这导致一些企业在环境信息披露中存在违规行为，难以有效提高环境信息披露的质量和准确性。第五，现行的管理办法对于公众参与环境信息披露的规定较为有限，缺乏明确的公众参与机制和渠道，致使公众在环境信息披露中的参与度不高，难以实现信息的公开透明和民众的监督作用。

因此，如何制定统一的环境信息披露标准，包括信息披露的内容、格式、频率和途径等，以便企业和机构有一个明确的参考框架，是目前面临的最大挑战。建立统一的环境信息披露标准和规范是一个复杂而综合的任务，需要各方共同努力。首先，要尽快制定统一的法律法规，明确环境信息披露的范围、要求和程序。这些法律法规可以对披露内容、格式、频率、途径、数据可比性等方面做出规定，以确保企业在披露环境信息时有明确的依据。其次，参考国际标准和指南，尽快构建适合我国国情的披露体系。如本书前文所述，国际上已经有一些比较完善和健全的披露体系，如全球报告倡议和国际一体化报告倡议等，这些国际标准和指南可以提供宝贵的经验和参考，帮助我国建立与国际接轨的环境信息披露标准。

另外，应针对不同行业的特点和需求，制定相应的行业指导标准。不同的行业可能有不同的环境影响和披露要求，通过制定行业指导标准可以确保环境信息披露更加精准和实用。想了解不同行业的环境影响和风险特点，必须开展行业调研和分析工作，通过收集和分析相关行业的环境数据、排放情况、资源利用状况等信息，了解行业的关键环境问题和披露需求。应根据行业的发展和环境要求的变化，定期评估和修订行业标准，以确保其与时俱进，符合最新的环境披露要求。同时，邀请相关领域的专家、学者和从业者参与制定环境信息披露制度，他们可以提供行业内部的专业知识和经验，帮助确定合理的披露要素、指标和标准。与此同时，行业协会和组织也可以发挥重要作用，促进行业内环境信息披露的规范化。除了听取专家意见外，实地调研示范项目也是了解行业内部环境信息披露的好办法，可以为制定行业标准提供具体案例和借鉴经验，帮助确立合适的披露要求和标准。一般来说，在制定行业标准的过程中，应开展公众意见征集活动和听证会，征求各方的意见和建议，这也可以增加制度的公正性和透明度，提高环境信息披露的接受度和可信度。

14.2　加强监管和执法力度

当前阶段，环境信息披露不尽如人意的原因之一是监管和执法力度亟待加强。一方面，监管责任不太明确，执法力度不足。环境信息披露涉及多个部门和机构，监管责任不明确可能导致监管职责重叠或监管缺失，所以需要进一步加强不同部门之间的协调和合作，确保监管职责的明确性和衔接性。同时，有些地方在环境信息披露执法方面存在不足，缺乏有效的执法措施，处罚力度不够。这可能导致一些企业的环境信息披露违法行为得不到有效制止和处罚，影响了环境信息披露的质量和真实性。另一方面，由于技术手段和能力的不足，数据的真实性和准确性难以保证。随着大数据和信息技术的快速发展，在环境信息披露监管中，也需要借助先进的技术手段进行数据收集、分析和监管。然而，一些地方的监管部门在技术手段和能力方面存在欠缺，限制了其监管和执法的能力。由于环境信息的复杂性和多样性，再加上技术手段方面的不足，确保环境信息披露的真实性和准确性是一个巨大的挑战。一些企业可能存在数据造假或不准确的情况，而监管部门在短时间内难以全面核实和验证。此外，由于公众监督和参与环境信息披露的能力和渠道有限，无法有效参与到监管和执法过程中，从而限制了公众监督作用的发挥。

针对这些问题和挑战，可以采取以下措施。首先，加强监管部门之间的协调与合作，明确各部门的监管职责和权限，避免重复监管或监管缺失的问题，同时重视从业人员的培训和意识提升，提高他们对环境信息披露标准和规范的理解和遵守能力。其次，提高执法力度和处罚力度，加强对违法行为的监督和处罚，确保环境信息披露规定的执行。再次，提升监管部门的技术能力，推动信息技术在环境信息披露监管中的应用，建立统一的信息披露平台，提供便捷的数据上传和查询功能。同时，借助先进的信息技术手段，如人工智能、大数据分析等，提高信息披露的效率和准确性，加强数据收集、分析和验证的能力，完善环境信息披露的评估和认证机制，加强对企业披露信息真实性和准确性的核查和审核，提高环境信息披露的可信度和质量。最后，加强公众参与和监督，强化公众和投资者的意识教育，提高他们对环境信息披露的参与度，建立公众参与的渠道和机制，鼓励公众举报环境信息披露违法行为，加大对环境信息披露的监督。

通过加强监管和执法力度，可以提升我国环境信息披露的监管水平。对于披露不规范或不履行披露义务的企业，应采取相应的处罚和制裁措施，以强化环境信息披露的执行力度，促进企业更加积极地履行环境信息披露的责任，推动环境保护和可持续发展。

14.3 提高环境信息披露的透明度和可理解性

由前文的案例分析和实证研究可知，我国环境信息披露的透明度不太高，披露信息的质量和数量都还未达到理想状态。因此，需要提高环境信息披露的透明度和可理解性，具体可以从以下几方面着手。第一，明确披露要求和标准，建立统一的披露平台，提供企业披露环境信息的渠道和方式，这样可以方便公众、投资者和监管部门获取和理解企业披露的信息，提高环境信息披露的透明度，确保信息的真实、准确、全面和可核查性，防止企业和机构对信息进行篡改和掩盖。在披露时可以利用新兴技术，如人工智能和大数据分析，挖掘和加工环境信息，实现更具深度和广度的披露。第二，深刻理解披露报告和指南，掌握披露要求，这样才能更好地组织和呈现环境信息，提高信息的可理解性。对于环境信息披露的指标和数据，应逐步简化和标准化，避免冗长复杂的表达方式，使信息更易于理解和比较。同时采用通用的环境指标和标准，方便公众和投资者对企业之间的环境表现进行评估和对比。可以采用数据可视化的方式呈现环境信息，例如表格、图形和地图等，将环境信息转化为易于理解和比较的形式，方便公众和投资者了解和评估企业的环境绩效。此外，提供具有可比性的数据，如不同时间段或不同企业的环境数据，帮助公众和投资者更好地理解和比较企业的环境表现。第三，加强会计从业人员的培训和教育，提高他们对环境信息披露的理解能力，使他们能够编制清晰、准确和易于理解的环境信息披露报告。同时加强相关人员的意识教育，提高他们对环境信息披露的重要性和意义的认识。鼓励公众参与环境信息披露标准的制定和评价过程，提供不同的视角和需求，提高披露的透明度和可理解性。

14.4 鼓励企业主动披露环境信息

环境信息披露在现阶段还处于被动披露层面，没有强制执行，因此鼓励企业主动披露环境信息是提升环境信息披露质量非常重要的环节。首先，相关部门可以提供经济方面的激励措施，如税收减免、补贴和奖励，这些激励措施可以降低企业的成本负担，并增加其对可持续发展的认识和重视。同时，有关部门要提醒企业认识到可持续发展的商业利益，如改善声誉、提高竞争力、减少风险和降低成本。通过强调这些利益，鼓励企业将环境信息披露纳入其战略规划和经营决策中。其次，要积极组织相关的宣传活动、研讨会和培训课程，向企业传达披露环境信息的重要性和益处，并提供实际案例和成功经验，帮助企业了解环境信息披露的方法和实施步骤。政府、非政府组织和企业可以建立合作伙伴关系，共同推动环境信息披露。通过项目合作、信息共享和技术支持，促进企业主动履行披露义务，并分享最佳实践。例如，建立环境信息披露的排行榜或评级体系，公布企业的环境信息披露水平和绩效，增加企业之间的竞争性。最后，在有关部门的指导下，加强企业之间、企业与公众之间的沟通和互动，及时回应公众关注的问题，增加信息披露的参与度和互动性。

14.5　建设专业的环境信息披露人才队伍

环境信息披露需要专业知识和技能的支持。因此，为了有效地收集、分析和报告环境数据，企业需要拥有具备环境科学、数据分析、报告编制等方面知识的专业人才。

首先，企业必须加强环境信息披露的相关培训和教育，提高从业人员的专业素养和能力水平。企业应该制订系统的培训计划，并涵盖环境管理原理、数据收集和分析技巧、报告编制方法以及相关法规和准则等内容，确保员工接受全面的环境信息披露培训。企业可以组织内部培训课程，由专业人员或外部专家提供培训，包括讲座、研讨会、案例分析和实践演练等形式，帮助员工理解环境信息披露的重要性和方法。企业还应鼓励员工参加外部专业培训和学习，如行业研讨会、培训课程和认证培训等，为员工提供更深入的专业知识和实践经验，帮助员工不断提升自身的专业素养和能力水平。企业可以建立内部的知识共享平台，为员工提供学习资源和最新的环境信息披露资讯，例如在线培训课程、电子文档、案例研究、经验分享等，帮助员工学习和不断更新相关知识。此外，企业还可以建立导师制度，让经验丰富的员工指导和培养新人，分享实际操作中的技巧和经验，并鼓励跨部门合作和知识交流，促进不同岗位员工之间的合作学习，提高整体团队的专业素养。如果员工有兴趣进行持续学习和追求个人发展，企业应提供相应的支持和资源，如资助员工参加专业课程、提供学习假期、设立奖励机制等，激励员工在环境信息披露领域不断提升自身能力，并为员工提供实践机会，让他们在实际工作中应用所学的环境信息披露知识和技能。企业还要建立反馈机制，定期评估培训效果，收集员工的意见和建议，不断改进培训和教育方案。

其次，鼓励高校开设环境信息披露专业或相关课程，培养更多的环境信息披露人才。高校要进行充分的市场调研，了解环境信息披露领域的专业需求和人才缺口，可以通过合作项目、实习机会和专业讲座等方式，与行业紧密联系，了解行业实践和需求，并根据行业的发展趋势调整课程设置，明确人才培养的需求和目标。高校根据需求调研的结果制定包括环境信息披露原理、环境管理与评估、数据收集与分析、报告编制与沟通等内容的专业课程体系。这些课程应涵盖理论知识和实践技能，并与行业准则和国际标准相符合。要注意的是，环境信息披露领域涉及多个学科，高校应鼓励跨学科的融合教学，例如，可以将环境科学、数据分析、沟通与传媒等学科融入环境信息披露课程中，培养学生全面的专业能力。高校还可以邀请环境信息披露领域的专家担任客座教授或讲师，为学生提供实践经验和行业洞察，设计实践导向的课程，如实习项目、案例研究和模拟报告等，让学生在真实环境中应用所学知识。依托与企业之间的帮扶关系，高校可以与企业签订合作协议，开展校企合作项目，以及参与行业实践活动和招聘会，为学生提供实习和就业机会。高校还应加强对环境信息披露专业或相关课程的宣传和推广，通过校园活动、专业讲座和媒体报道等方式，提高学生、家长和社会各界对该专业的认知和关注度。

最后，设立专业的认证机构，对环境信息披露人员进行认证和监督，提高行业整体的专业水平和信誉度。应基于相应的法规和标准，制定适用于环境信息披露人员的认证标准和要求，如专业知识、技能、经验和道德要求等，确保环境信息披露人员具备必要的能力和素质。由政府牵头，建立独立的第三方认证机构，构建专业的团队和管理体系，负责环境信息披露人员的认证和监督工作，确保认证过程的公正性、严谨性和可靠性。认证机构应制定合理合法的认证程序，包括申请审核、资格评估、考试或评估、实践经验验证等环节；认证程序应具体、透明，能够全面评估申请人的专业能力和背景。设立有效的监督机制也是一个十分重要的环节，例如通过持续教育、定期报告、随机抽查和投诉处理等措施，确保认证人员的业务能力和道德标准持续符合要求，定期审查和监督已获得认证的环境信息披露人员的业务行为和实践。与此同时，我国应与国内外相关的认证机构和组织合作，分享经验，对接标准，提升认证机构的国际影响力和认可度，并应向行业组织、企业和学术机构等宣传认证的价值，鼓励环境信息披露人员参与认证。

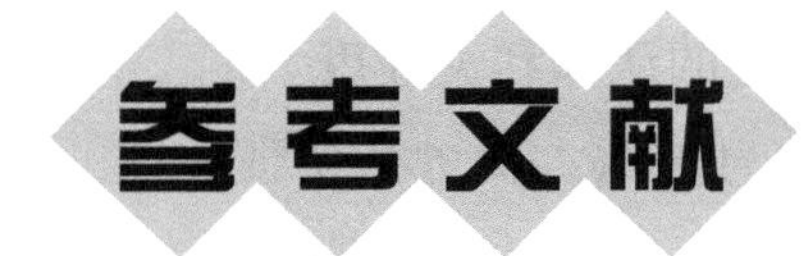

参考文献

[1] Abbott W F, Monsen R J.On the measurement of corporate social responsibility: self-reported disclosures as a method of measuring corporate social involvement [J]. Academy of Management Journal, 1979, 22 (3): 501-515.

[2] Adams C A, Hill W Y, Roberts C B. Corporate social reporting practices in Western Europe: legitimating corporate behavior? [J].British Accounting Review, 1998, 30 (1): 1-21.

[3] Akerlof G.Market for lemons [J]. Journal of Economics, 1970, 7 (16): 1372.

[4] Alipour M, Ghanbari M, Jamshidinavid B, et al.The relationship between environmental disclosure quality and earnings quality: a panel study of an emerging market [J]. Journal of Asia Business Studies, 2019, 13 (2): 326-347.

[5] Alsayegh M F, Abdul Rahman R, Homayoun S. Corporate economic, environmental, and social sustainability performance transformation through ESG disclosure [J]. Sustainability, 2020, 12 (9): 3910.

[6] Belkaoui A, Karpik P G.Determinants of the corporate decision to disclose social information [J]. Accounting, Auditing & Accountability Journal, 1989, 2 (1).

[7] Berkowitz H, Bucheli M, Dumez H.Collectively designing CSR through meta-organizations: a case study of the oil and gas industry [J]. Journal of Business Ethics, 2017, 143: 753-769.

[8] Bing T, Li M.Does CSR signal the firm value? Evidence from China [J]. Sustainability, 2019, 11 (15): 4255.

[9] Blacconiere W G, Patten D M.Environmental disclosures, regulatory costs, and changes in firm value [J]. Journal of Accounting and Economics, 1994, 18 (3): 357-377.

[10] Bloomfield R J, Wilks T J. Disclosure effects in the laboratory: liquidity, depth, and the cost of capital [J]. The Accounting Review, 2000, 75 (1): 13-41.

[11] Bowman E H.Strategy, annual reports, and alchemy [J]. California Management

Review, 1978, 20 (3): 64–71.

[12] Buhr N, Freedman M.Corporate environmental reporting: a test of legitimacy theory [J]. Accounting, Auditing & Accountability Journal, 2017, 30 (3): 643–667.

[13] Byun S K, Oh J M.Local corporate social responsibility, media coverage, and shareholder value [J]. Journal of Banking & Finance, 2018, 87: 68–86.

[14] Cespa G, Cestone G.Corporate social responsibility and managerial entrenchment [J]. Journal of Economics & Management Strategy, 2007, 16 (3): 741–771.

[15] Chen J C, Roberts R W.Toward a more coherent understanding of the organization – society relationship: a theoretical consideration for social and environmental accounting research [J]. Journal of Business Ethics, 2010, 97: 651–665.

[16] Chen K C W, Yuan H. Earnings management and capital resource allocation: evidence from China' s accounting–based regulation of rights issues [J]. Accounting Review, 2004, 79 (3): 645–665.

[17] Chen R C, Lee C H.The influence of CSR on firm value: an application of panel smooth transition regression on Taiwan [J]. Applied Economics, 2017, 49 (34): 3422–3434.

[18] Cho C H, Guidry R P, Hageman A M.Do actions speak louder than words? An empirical investigation of corporate environmental reputation [J]. Accounting, Organizations and Society, 2012, 37 (1): 14–25.

[19] Cho E, Chun S. Corporate social responsibility, real activities earnings management, and corporate governance: evidence from Korea [J]. Asia–Pacific Journal of Accounting & Economics, 2016, 23 (4): 400–431.

[20] Choi B B, Lee D, Park Y. Corporate social responsibility, corporate governance and earnings quality: evidence from Korea [J]. Corporate Governance: An International Review, 2013, 21 (5): 447–467.

[21] Choi J S, Kwak Y M, Choe C.Corporate social responsibility and corporate financial performance: evidence from Korea [J]. Australian Journal of Management, 2010, 35 (3): 291–311.

[22] Choi Y K, Han S H, Kwon Y. CSR activities and internal capital markets: evidence from Korean business groups [J]. Pacific–Basin Finance Journal, 2019, 55: 283–298.

[23] Chughtai A A, Chen X, Macintyre C R.Risk of self–contamination during doffing of personal protective equipment [J]. American Journal of Infection Control, 2018, 46 (12): 1329–1334.

[24] Clarkson M E.A stakeholder framework for analyzing and evaluating corporate social

performance [J] . Academy of Management Review, 1995, 20 (1): 92–117.

[25] Clarkson P M, Fang X, Li Y.The relevance of environmental disclosures: are such disclosures incrementally informative? [J] . Journal of Accounting and Public Policy, 2013, 32 (5): 410–431.

[26] Clarkson P M, Li Y, Richardson G D. Revisiting the relation between environmental performance and environmental disclosure: an empirical analysis [J] . Accounting, Organizations and Society, 2008, 33 (4/5): 303–327.

[27] Dhaliwal D S, Li O Z, Tsang A.Voluntary nonfinancial disclosure and the cost of equity capital: the initiation of corporate social responsibility reporting [J] . The Accounting Review, 2011, 86 (1): 59–100.

[28] Dharmapala D, Khanna V. Corporate governance, enforcement, and firm value: evidence from India [J] . The Journal of Law, Economics, & Organization, 2013, 29 (5): 1056–1084.

[29] Dyck A, Volchkova N, Zingales L.The corporate governance role of the media: evidence from Russia [J] . The Journal of Finance, 2008, 63 (3): 1093–1135.

[30] Epstein M J, Freedman M.Social disclosure and the individual investor [J] . Accounting, Auditing & Accountability Journal, 1994, 7 (4): 94–109.

[31] Farneti F, Guthrie J, Ricceri F.The influence of governance mechanisms on the quality of environmental disclosure: an empirical study of Italian listed companies [J]. Journal of Business Ethics, 2019, 154 (4): 1095–1112.

[32] Freeman R E, Dmytriyev S.Corporate social responsibility and stakeholder theory: learning from each other [J]. Symphonya Emerging Issues in Management, 2017 (1): 7–15.

[33] Freedman M, Jaggi B.Global warming, commitment to the Kyoto protocol, and accounting disclosures by the largest global public firms from polluting industries [J] . The International Journal of Accounting, 2005, 40 (3): 215–232.

[34] Freeman R E.Strategic management: a stakeholder approach [J] .Review of Accounting and Finance, 1984 (2): 11–14.

[35] Freeman R E.Strategic management: a stakeholder theory [J] . Journal of Management Studies, 1984, 39 (1): 1–21.

[36] Gale R J P, Stokoe P K.Environmental cost accounting and business strategy [M] . Handbook of Environmentally Conscious Manufacturing, Springer, Boston, MA, 2001: 119–136.

[37] Gamerschlag R, Möller K, Verbeeten F.Determinants of voluntary CSR disclosure: empirical evidence from Germany [J]. Review of Managerial Science, 2011, 5 (2/3):

233–262.

[38] Gao Y.What comprises IPO initial returns：evidence from the Chinese market [J] . Pacific–Basin Finance Journal，2010，18（1）：77–89.

[39] Ghazali N A M.Ownership structure and corporate social responsibility disclosure：some Malaysian evidence [J] . Corporate Governance：The International Journal of Business in Society，2007，7（3）：251–266.

[40] Gray R，Kouhy R，Laver S.Corporate social and environmental reporting：a review of the literature and a longitudinal study of UK disclosure [J] .Accounting，Auditing & Accountability Journal，1995，8（2）：47–77.

[41] Griffin J J，Mahon J F. The corporate social performance and corporate financial performance debate：twenty–five years of incomparable research [J] . Business & Society，1997，36（1）：5–31.

[42] Haniffa R M，Cooke T E.The impact of culture and governance on corporate social reporting [J] . Journal of Accounting and Public Policy，2005，24（5）：391–430.

[43] Hapsoro D，Fadhilla A F.Relationship analysis of corporate governance，corporate social responsibility disclosure and economic consequences：empirical study of Indonesia capital market [J]. South East Asian Journal of Management，2017，11(2)：164–182.

[44] Healy P M，Palepu K G.Information asymmetry，corporate disclosure，and the capital markets：a review of the empirical disclosure literature [J] . Journal of Accounting and Economics，2001，31（1–3）：405–440.

[45] Hemingway C A，Maclagan P W.Managers' personal values as drivers of corporate social responsibility [J] . Journal of Business Ethics，2004，50：33–44.

[46] Hong Y，Andersen M L.The relationship between corporate social responsibility and earnings management：an exploratory study [J] . Journal of Business Ethics，2011，104：461–471.

[47] Ho P L，Tower G，Taylor G.Corporate governance，ownership structure and voluntary disclosure：evidence from listed firms in Malaysia [J] . Afro–Asian Journal of Finance and Accounting，2013，3（4）：319–340.

[48] Islam M A，Deegan C.Media pressures and corporate disclosure of social responsibility performance information：a study of two global clothing and sports retail companies [J]. Accounting and Business Research，2010，40（2）：131–148.

[49] Javvin Press. China stock market handbook：Saratoga [M] .California：Javvin Press，2008.

[50] Ji W，Lee S.Regulatory monitoring and corporate environmental information disclosure：

evidence from China [J] .Journal of Business Ethics，2018，150（3）：755–774.

[51] Johnson H H.Does it pay to be good? Social responsibility and financial performance [J] . Business Horizons，2003，46（6）：34–34.

[52] Jutterstr M，Norberg P.CSR as a management idea：ethics in action [M] . Edward Elgar Publishing，2013.

[53] Kabir R，Thai H M.Does corporate governance shape the relationship between corporate social responsibility and financial performance? [J] . Pacific Accounting Review，2017，29（2）：227–258.

[54] Kang K H，Lee S，Huh C.Impacts of positive and negative corporate social responsibility activities on company performance in the hospitality industry [J] . International Journal of Hospitality Management，2010，29（1）：72–82.

[55] Kao J L，Wu D，Yang Z.Regulations，earnings management，and post–IPO performance：the Chinese evidence [J] . Journal of Banking & Finance，2009，33（1）：63–76.

[56] Khan I，Khan I，Senturk I.Board diversity and quality of CSR disclosure：evidence from Pakistan [J] . Corporate Governance：The International Journal of Business in Society，2019，19（6）：1187–1203.

[57] Kim Y，Park M S.Are all management earnings forecasts created equal? Expectations management versus communication [J] . Review of Accounting Studies，2012，17：807–847.

[58] Klassen R D，McLaughlin C P.The impact of environmental management on firm performance [J] . Management Science，1996，42（8）：1199–1214.

[59] Kumar K，Boesso G，Batra R，et al.Explicit and implicit corporate social responsibility：differences in the approach to stakeholder engagement activities of US and Japanese companies [J]. Business Strategy and the Environment，2019，28（6）：1121–1130.

[60] Li A，Xia X.Are controlling shareholders influencing the relationship between CSR and earnings quality? Evidence from Chinese listed companies [J] . Emerging Markets Finance and Trade，2018，54（5）：1047–1062.

[61] Li D，Zhao Y，Sun Y.Corporate environmental performance，environmental information disclosure，and financial performance：evidence from China [J] . Human and Ecological Risk Assessment：An International Journal，2017，23（2）：323–339.

[62] Li S，Park K.The effects of environmental regulation stringency on corporate environmental information disclosure：evidence from the Korean manufacturing industry [J] . Journal of Cleaner Production，2016，112：2698–2706.

[63] Li Z，Thibodeau C.CSR–contingent executive compensation incentive and earnings

management [J] . Sustainability, 2019, 11 (12): 3421.

[64] Lim C Y, Lim C Y, Lobo G J.IAS 39 reclassification choice and analyst earnings forecast properties [J] . Journal of Accounting and Public Policy, 2013, 32 (5): 342–356.

[65] Linowes D F.Socio–economic accounting [J] . Journal of Accountancy (pre–1986), 1968, 126 (5): 37.

[66] Liu M, Shi Y, Wilson C, et al.Does family involvement explain why corporate social responsibility affects earnings management? [J] . Journal of Business Research, 2017, 75: 8–16.

[67] Luo Y.Environmental cost control of coal industry based on cloud computing and machine learning [J] . Arabian Journal of Geosciences, 2021, 14 (12): 1–16.

[68] Mahoney L S, Thorn L.An examination of the structure of executive compensation and corporate social responsibility: a Canadian investigation [J] . Journal of Business Ethics, 2006, 69: 149–162.

[69] Manetti G, Toccafondi S.The role of stakeholders in sustainability reporting assurance [J] . Journal of Business Ethics, 2012, 107 (3): 363–377.

[70] Margolis J D, Walsh J P.Misery loves companies: rethinking social initiatives by business [J] . Administrative Science Quarterly, 2003, 48 (2): 268–305.

[71] Marquis C, Qian C.Corporate social responsibility reporting in China: symbol or substance? [J] . Organization Science, 2014, 25 (1): 127–148.

[72] Meng X H, Zeng S X, Shi J J, et al.The relationship between corporate environmental performance and environmental disclosure: an empirical study in China [J] . Journal of Environmental Management, 2014, 145: 357–367.

[73] Moon J. Business social responsibility: a source of social capital? [J] . Philosophy of Management, 2001, 1 (3): 35–45.

[74] Murray A, Sinclair D, Power D, et al. Do financial markets care about social and environmental disclosure? Further evidence and exploration from the UK [J] . Accounting, Auditing & Accountability Journal, 2006, 19 (2): 228–255.

[75] Oh W Y, Chang Y K, Martynov A.The effect of ownership structure on corporate social responsibility: empirical evidence from Korea [J] . Journal of Business Ethics, 2011, 104: 283–297.

[76] Pan L, Yao S.Does central environmental protection inspection enhance firms' environmental disclosure? Evidence from China [J] . Growth and Change, 2021, 52 (3): 1732–1760.

[77] Prior D, Surroca J, Tribó J A.Are socially responsible managers really ethical? Exploring the relationship between earnings management and corporate social responsibility [J] .

Corporate Governance: An International Review, 2008, 16 (3): 160–177.

[78] Qi J, Eberhardt–Toth E, Paulet E.Influencing factors of corporate environmental risk management in bank lending decision–making: empirical evidence from European Banks [Z]. Corporate Responsibility Research Conference, 2018.

[79] Rezaee Z, Tuo L.Are the quantity and quality of sustainability disclosures associated with the innate and discretionary earnings quality? [J]. Journal of Business Ethics, 2019, 155: 763–786.

[80] Roman R M, Hayibor S, Agle B R.The relationship between social and financial performance: repainting a portrait [J]. Business & Society, 1999, 38 (1): 109–125.

[81] Said R, Hj Zainuddin Y, Haron H.The relationship between corporate social responsibility disclosure and corporate governance characteristics in Malaysian public listed companies [J]. Social Responsibility Journal, 2009, 5 (2): 212–226.

[82] Setyowati A, Bany–Ariffin A N, Kamarudin F, et al. Role of women board members in the relationship between internal CSR and firm efficiency: evidence from multiple countries [J]. Cogent Business & Management, 2023 (1): 2173048.

[83] Shane P B, Spicer B H.Market response to environmental information produced outside the firm [J]. Accounting Review, 1983, 58 (3): 521–538.

[84] Shen J, Zhang H.Socially responsible human resource management and employee support for external CSR: roles of organizational CSR climate and perceived CSR directed toward employees [J]. Journal of Business Ethics, 2019, 156: 875–888.

[85] Sidhoum A A, Serra T.Corporate social responsibility and dimensions of performance: an application to US electric utilities [J]. Utilities Policy, 2017, 48: 1–11.

[86] Stubbs W, Cocklin C. Conceptualizing a "sustainability business model" [J]. Organization & Environment, 2008, 21 (2): 103–127.

[87] Stubbs W, Higgins C.Integrated reporting and internal mechanisms of change [J]. Accounting, Auditing & Accountability Journal, 2014, 27 (7): 1068–1089.

[88] Suchman M C.Managing legitimacy: strategic and institutional approaches [J]. Academy of Management Review, 1995, 20 (3): 571–610.

[89] Van Beurden P, Gössling T.The worth of values—a literature review on the relation between corporate social and financial performance [J]. Journal of Business Ethics, 2008, 82: 407–424.

[90] Van der Laan Smith J, Adhikari A, Tondkar R H.The impact of corporate social disclosure on investment behavior: a cross–national study [J]. Journal of Accounting and Public Policy, 2010, 29 (2): 177–192.

[91] Wang G，Li K X，Xiao Y.Measuring marine environmental efficiency of a cruise shipping company considering corporate social responsibility [J] . Marine Policy，2019，99：140–147.

[92] Wei Y C，Lu Y C，Chen J N，et al.The impact of media reputation on stock market and financial performance of corporate social responsibility winner [J] . NTU Management Review，2018，28（1）：87–140.

[93] Wong S M L.China' s stock market：a marriage of capitalism and socialism [J] . Cato Journal，2006，26（3）：389–424.

[94] Wu D，Pupovac S.Information overload in CSR reports in China：an exploratory study [J] . Australasian Accounting，Business and Finance Journal，2019，13（3）：3–28.

[95] Zairi M，Peters J.The impact of social responsibility on business performance [J] . Managerial Auditing Journal，2002，17（4）：174–178.

[96] 毕茜，彭珏，左永彦 . 环境信息披露制度、公司治理和环境信息披露 [J] . 会计研究，2012（7）：9–11.

[97] 蔡春，黄昊，赵玲 . 高铁开通降低审计延迟的效果及机制研究 [J] . 会计研究，2019（6）：72–78.

[98] 曹亚勇，王建琼，于丽丽 . 公司社会责任信息披露与投资效率的实证研究 [J] . 管理世界，2012（12）：183–185.

[99] 常凯 . 环境信息披露对财务绩效的影响——基于中国重污染行业截面数据的实证分析 [J] . 财经论丛，2015（1）：7–10.

[100] 车小丽 . 以低碳经济视角为基础的煤炭企业环境成本会计核算研究 [J] . 现代经济信息，2019（1）：304–306.

[101] 陈春莲 . 环境信息披露、环境绩效对财务绩效的影响分析及政策建议——以钢铁行业为例 [J] . 绿色财会，2015（8）：5–9.

[102] 陈建国，顾立平，马国平，等 . 企业环境信息披露的影响因素研究 [J] . 管理评论，2018，30（3）：95–106.

[103] 陈玲芳 . 基于盈余管理视角的企业环境信息披露行为分析 [J] . 统计与决策，2015（21）：4–6.

[104] 陈璇，淳伟德 . 环境绩效、环境信息披露与经济绩效相关性研究综述 [J] . 软科学，2010，24（6）：4–7.

[105] 陈燕平，余涛，吴集林 . 政府监管、政府补助与企业环境信息披露研究——基于科斯定理的分析 [J] . 现代信息科技，2021，5（23）：7–9.

[106] 董骞，肖金红 . 上市公司环境信息披露动因研究 [J] . 国际贸易问题，2018（3）：136–146.

[107] 杜子平，李根柱 . 碳信息披露对企业价值的影响研究 [J] . 会计之友，2019

（16）：5–8.
［108］冯晶，黄珺．企业社会责任、盈余管理和盈余反应［J］．财会月刊（中），2015（12Z）：5–9.
［109］高美梅．2021 碳达峰碳中和无锡峰会举行　黄钦致辞　杜小刚作主旨演讲［N］．无锡新传媒，2021–05–20.
［110］郝丹丹．煤炭行业社会责任信息披露质量研究［D］．北京：中国石油大学，2020.
［111］何平林，孙雨龙，李涛，等．董事特质与经营绩效——基于我国新三板企业的实证研究［J］．会计研究，2019（11）：7–9.
［112］胡梦楚，汪顺凯，刘梅娟．火电企业绿色转型路径及绩效变化分析——以华能国际为例［J］．绿色财会，2022（10）：8–11.
［113］黄荷暑，周泽将．企业社会责任、信息透明度与信贷资金配置［J］．中南财经政法大学学报，2017（2）：11–15.
［114］金颖．国内外环境会计信息披露比较及启示［J］. 中国乡镇企业会计，2021（5）：80–81.
［115］景晓娟，彭钰皓．浅议企业质量管理的现状和建议——基于公司战略管理［J］．现代商业，2014（35）：2.
［116］匡飞燕．盈余管理对环境会计信息披露的影响研究［D］. 长沙：长沙理工大学，2014.
［117］雷芳，马馨茹．基于环境损害视角下煤炭产业环境成本会计核算探析——以 H 公司为例［J］．东华理工大学学报（社会科学版），2020，39（4）：340–344.
［118］李爱英．企业社会责任信息披露问题及对策研究［J］．商业会计，2014（19）：3–5.
［119］李江山，贾新丽．低碳经济视角下的煤炭企业环境成本会计问题探究［J］．大众投资指南，2020（6）：130–131.
［120］李晴．我国企业社会责任会计信息披露的若干问题研究［J］．中国集体经济，2019（7）：2–6.
［121］李欣．2022 中国资本市场报告：2.1 亿投资者淘金 5000 余家上市公司，78 股股价翻倍，茅台、宁王市值蒸发逾 4000 亿元［N］．金融界，2022–12–31.
［122］李正．企业社会责任与企业价值的相关性研究——来自沪市上市公司的经验证据［J］．中国工业经济，2006（2）：77–83.
［123］李正，向锐．中国企业社会责任信息披露的内容界定、计量方法和现状研究［J］．会计研究，2007（7）：3–11.
［124］李志斌，章铁生．内部控制、产权性质与社会责任信息披露——来自中国上市公司的经验证据［J］．会计研究，2017（10）：86–92，97–99.

[125] 黎精明 . 关于我国企业社会责任会计信息披露问题的研究 [J]. 对外经贸财会，2004（7）：13–15.

[126] 林松池 . 论企业社会责任会计信息披露体系构建 [J]. 财会通讯（下），2010（3）：43–45.

[127] 刘新军，周剑秋 . 环境信息披露的影响因素研究——基于中国上市公司的实证分析 [J]. 会计与财务研究，2018（4）：63–69.

[128] 鲁瑛均 . 上市公司社会责任和环境报告与盈余质量的实证研究 [J]. 开发研究，2014（6）：4–8.

[129] 吕晓冯 . 完整准确全面贯彻新发展理念，推动再生资源产业绿色低碳循环发展——圈点再读《关于完整准确全面贯彻新发展理念做好碳达峰碳中和工作的意见》《2030 年前碳达峰行动方案》[J]. 资源再生，2021（10）：10–15.

[130] 马梦醒，尹宗成 . 社会责任信息披露水平影响因素实证研究——以我国农业上市公司为例 [J]. 长春理工大学学报（社会科学版），2016（5）：78–82.

[131] 倪恒旺，李常青，魏志华 . 媒体关注、企业自愿性社会责任信息披露与融资约束 [J]. 山西财经大学学报，2015，37（11）：77–88.

[132] 齐晓玉，程克群 . 我国畜牧业上市公司社会责任会计信息披露影响因素研究 [J]. 长春理工大学学报（社会科学版），2017（3）：98–103.

[133] 乔森，贾金荣 . 我国企业社会责任会计信息披露指标体系研究 [J]. 财会通讯（下），2013（8）：3.

[134] 秦续忠，王宗水，赵红 . 公司治理与企业社会责任披露——基于创业板的中小企业研究 [J]. 管理评论，2018，30（3）：188–200.

[135] 冉江宗 . 宏观视角下的碳中和：我国“双碳”政策及碳排放、绿色金融现状 [EB/OL]. 中国碳排放交易网，2023–09–26.

[136] 沈洪涛 . 公司社会责任与公司财务业绩关系研究 [D]. 厦门：厦门大学，2005.

[137] 宋献中，龚明晓 . 社会责任信息的质量与决策价值评价——上市公司会计年报的内容分析 [J]. 会计研究，2007（2）：7–9.

[138] 宋献中，李皎予 . 企业社会责任会计 [M]. 北京：中国财政经济出版社，1992.

[139] 孙梦雨 . 媒体关注下企业社会责任信息披露的效应研究 [D]. 北京：首都经济贸易大学，2018.

[140] 唐松莲，王若林 . 绿色战略文化和信息披露助推绿色转型：以华能国际为例 [J]. 中国管理会计，2022（2）：62–72.

[141] 唐勇军，马文超，夏丽 . 环境信息披露质量、内控“水平”与企业价值——来自重污染行业上市公司的经验证据 [J]. 会计研究，2021（7）：69–84.

[142] 唐源珑 . 关于我国地方政府企业社会责任政策研究 [J]. 安徽行政学院学报，2020（6）：29–36.

[143] 汤亚莉，陈自力，刘星，等．我国上市公司环境信息披露状况及影响因素的实证研究［J］．管理世界，2006（1）：158-159.
[144] 汤运乾．基于低碳经济视角的企业环境成本会计核算探究［J］．商讯，2022（11）：60-63.
[145] 陶春华，陈鑫，黎昌贵．ESG评级、媒体关注与审计费用［J］．会计之友，2023（6）：143-151.
[146] 陶文杰，金占明．企业社会责任信息披露、媒体关注度与企业财务绩效关系研究［J］．管理学报，2012，9（8）：1225-1232.
[147] 王凤，杨斯悦，刘娜．企业环境信息披露水平、高管特征与真实盈余管理［J］．统计与信息论坛，2020，35（5）：11-13.
[148] 王菡娟．上市公司环境责任信息披露水平稳步提升［N］．新浪财经，2022-12-29.
[149] 王瑾．企业社会责任事件的溢出效应——基于"疫苗门"事件的研究［J］．中国注册会计师，2018（12）：52-57.
[150] 王倩，张娟．我国资源环境审计发展现状及优化建议［J］．绿色财会，2019（12）：4-6.
[151] 王淘．低碳经济视角下企业环境成本会计核算分析［J］．财富生活，2020（2）：78-79.
[152] 王文兵，钱宇航，王立彦．企业环境信息披露：值得期待的变革——基于我国环境保护与信息披露制度的建设［J］．商业会计，2022（10）：15-19.
[153] 王雅芳，钟雅．信息披露质量对企业价值与盈余质量影响之研究——来自企业社会责任履行的证据［J］．中国会计评论，2016，14（2）：28-30.
[154] 王亚飞．低碳经济视角下企业环境成本会计核算研究［J］．河北企业，2021（9）：118-120.
[155] 王妍妮．基于低碳经济视角的企业环境成本会计核算［J］．财会学习，2021（24）：103-104.
[156] 王晔．零售业上市公司社会责任报告质量及影响因素研究［D］．咸阳：西北农林科技大学，2017.
[157] 王子龙．基于低碳经济视角的企业环境成本会计核算研究［J］．经济师，2021（1）：79-81.
[158] 魏晓博．上市公司内部控制评价的成本效益研究［D］．郑州：河南大学，2013.
[159] 温忠麟，张雷，侯杰泰，等．中介效应检验程序及其应用［J］．心理学报，2004（5）：614-620.
[160] 吴红军．环境信息披露、环境绩效与权益资本成本［J］．厦门大学学报（哲学社会科学版），2014（3）：10-15.

[161] 吴丽君，卜华. 公司治理、内部控制与企业社会责任信息披露质量 [J]. 财会通讯，2019 (12)：82-86.

[162] 夏楸，郑建明. 媒体报道、媒体公信力与融资约束 [J]. 中国软科学，2015(2)：155-165.

[163] 许东彦，佟孟华，林婷. 环境信息规制与企业绩效——来自重点排污单位的准自然实验 [J]. 浙江社会科学，2020 (5)：12-15.

[164] 许楠，闫妹姿. 媒体关注度和企业社会责任对企业绩效的影响研究 [J]. 湖北社会科学，2013 (7)：82-85.

[165] 徐尚昆，杨汝岱. 企业社会责任概念范畴的归纳性分析 [J]. 中国工业经济，2007 (5)：71-79.

[166] 杨广青，杜亚飞，刘韵哲. 环境信息披露对上市公司企业价值的影响——"组织可见度"是否起到中介作用 [J]. 商业研究，2020 (2)：11-13.

[167] 杨熠，沈洪涛. 我国企业对社会责任信息披露的认识和实践 [J]. 审计与经济研究，2008 (4)：51-55.

[168] 阳秋林. 中国社会责任会计信息披露模式的架构 [J]. 当代财经，2005 (6)：4-6.

[169] 姚圣，孙梦娇. 盈余管理与环境信息管理的替代效应——基于公共压力变化的研究视角 [J]. 会计与经济研究，2016，30 (5)：17.

[170] 叶敏. 基于完全成本法的环境成本会计核算探讨 [J]. 中国商论，2020 (7)：168-169.

[171] 尹开国，刘小芹，陈华东. 基于内生性的企业社会责任与财务绩效关系研究——来自中国上市公司的经验证据 [J]. 中国软科学，2014 (6)：98-108.

[172] 殷婷婷. 我国上市公司社会责任会计信息披露影响因素研究 [D]. 大连：东北财经大学，2015.

[173] 应里孟. "互联网 + 会计" 下会计信息质量特征的新发展 [J]. 财会月刊，2018 (4)：7-11.

[174] 余方平，刘龙方，孟斌，等. 基于集对分析的交通运输行业企业社会责任组合评价研究 [J]. 管理评论，2020，32 (1)：16-19.

[175] 喻昊. 企业伦理的数据媒介：企业社会责任会计 [J]. 重庆科技学院学报，2010 (21)：107-109.

[176] 于增彪，何晴. 关于企业社会责任与社会责任会计的探讨 [J]. 中国总会计师，2010 (7)：3-8.

[177] 袁家海，苗若兰，张健. 碳中和背景下我国火电行业低碳发展展望 [J]. 中国国情国力，2022 (12)：9-13.

[178] 张涵. 无锡市上市公司企业社会责任评价与现状分析 [J]. 中外企业家，2013

（5）：3–6.
［179］张亨溢，杨刚，魏晓博，等．内部治理对公司环境信息披露影响的实证［J］．统计与决策，2019（14）：3–8.
［180］张美．碳会计信息披露问题探析［J］．纳税，2018，12（26）：52–54.
［181］张淼．电力行业上市公司环境会计信息披露研究［D］．南京：南京理工大学，2020.
［182］张擎．我国能源行业上市公司环境会计信息披露研究［D］．青岛：中国石油大学（华东），2019.
［183］张婷婷．区域文化对企业社会责任信息披露质量的影响——来自中国上市公司的证据［J］．北京工商大学学报（社会科学版），2019，34（1）：10–12.
［184］张弦．环境规制下财务特征对环境信息披露的影响分析——基于化工行业上市公司的经验数据［D］．南昌：华东交通大学，2017.
［185］张小梅，彭淑娟．环境信息披露的影响因素研究——基于中国上市公司的实证分析［J］．技术经济与管理研究，2019（3）：11–17.
［186］张亚杰．重污染行业自愿环境信息披露与财务绩效关系研究［J］．财会通讯（下），2015（8）：4–8.
［187］张艳艳．我国企业社会责任报告披露研究［J］．中国商论，2021（9）：4–8.
［188］张远，康欢．环境成本会计核算——以煤炭企业为例［J］．今日财富，2021（9）：193–194.
［189］张兆国，梁志钢，尹开国．利益相关者视角下企业社会责任问题研究［J］．中国软科学，2012（2）：139–146.
［190］郑志刚．法律外制度的公司治理角色——一个文献综述［J］．管理世界，2007（9）：13–18.
［191］周五七．企业环境信息披露制度演进与展望［J］．中国科技论坛，2020，1（2）：72–79.
［192］朱敏，施先旺，刘拯．财务业绩、股权集中度与社会责任信息披露——来自中国农业类上市公司的经验证据［C］．中国会计学会环境会计专业委员会2014学术年会论文集，2014，15：8–12.
［193］朱萍．健康产业企业社会责任有待加强　2016年仅48家上市药企发布报告［EB/OL］．网易财经，2017–11–01.